1
1964

Faserforschung und Textiltechnik

WISSENSCHAFTLICH-TECHNISCHE ZEITSCHRIFT
FÜR DIE CHEMIEFASER- UND TEXTILINDUSTRIE

BEGRUNDET VON
ERICH CORRENS UND WALTER FRENZEL

HERAUSGEGEBEN VON ERICH CORRENS –
WOLFGANG BOBETH – HANS BÖHRINGER – HERMANN KLARE

AUS DEM INHALT

AKADEMIE-VERLAG BERLIN

Faserforsch. u. Textiltechn. · 15. Jahrg. · Heft 1 · Seiten 1—48 · Berlin im Januar 1964

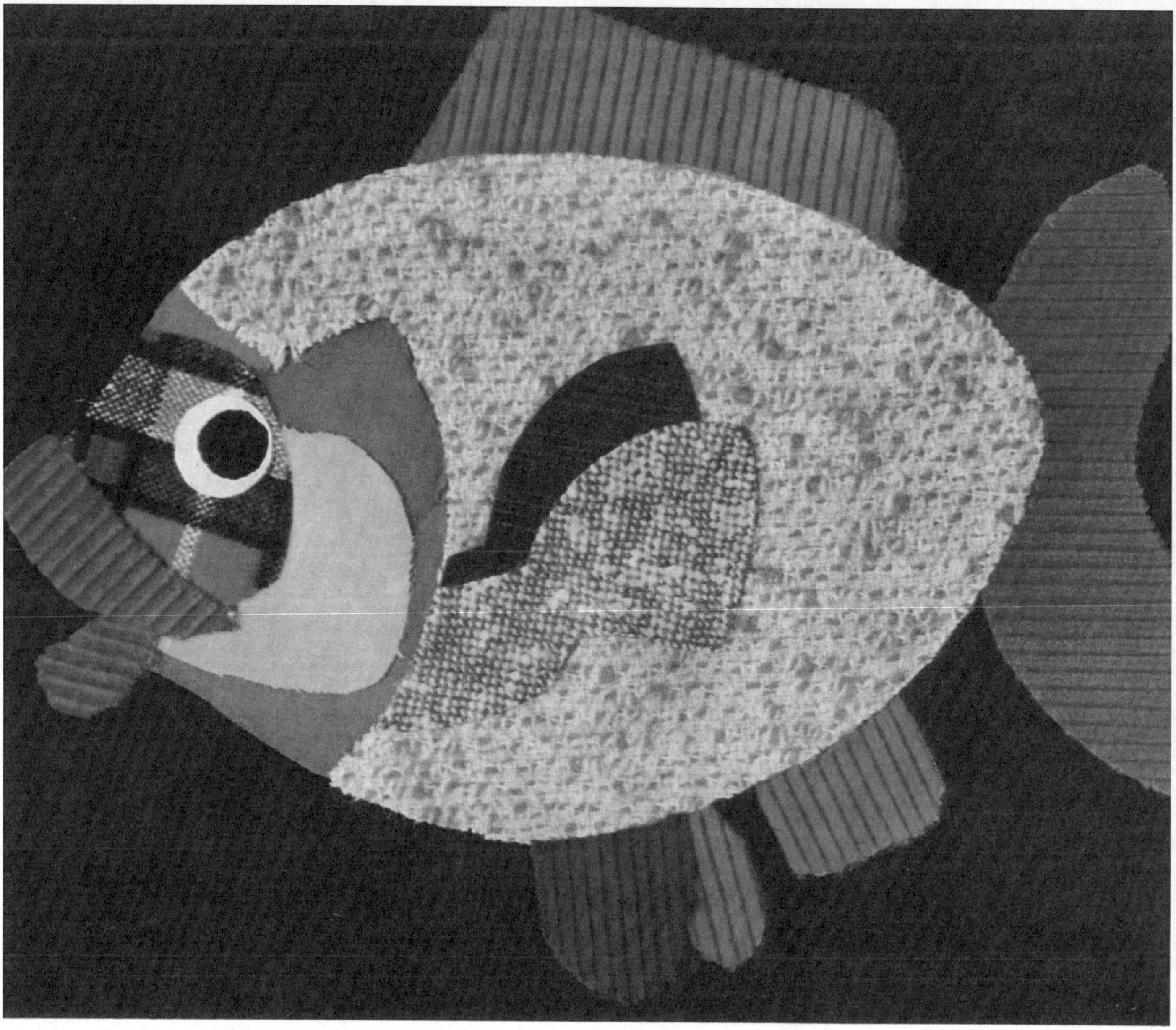

Faserforschung und Textiltechnik

1
1964

WISSENSCHAFTLICH-TECHNISCHE ZEITSCHRIFT FÜR DIE CHEMIEFASER- UND TEXTILINDUSTRIE

BEGRÜNDET VON
ERICH CORRENS UND WALTER FRENZEL

HERAUSGEGEBEN VON E. CORRENS – W. BOBETH – H. BÖHRINGER – H. KLARE

SCHRIFTLEITER J. BRÄMER

INHALT

Die Zeitschrift „Faserforschung und Textiltechnik“ erscheint monatlich in Heften zu 48 Textseiten im Format A 4. Der Preis für das Einzelheft beträgt DM 9,–, für den Vierteljahrbezug DM 27,– zuzügl. Bestellgeld. Die Berechnung erfolgt zu Beginn eines Vierteljahrs für 3 Hefte. Bestellungen aus dem Gebiet der Deutschen Demokratischen Republik an ein Postamt, eine Buchhandlung oder den Verlag, aus der Deutschen Bundesrepublik an eine Buchhandlung oder die Auslieferungsstelle Kunst und Wissen, Erich Bieber, Stuttgart S, Wilhelmstraße 4–6, aus dem Ausland an eine Importbuchhandlung, den Deutschen Buch-Export und -Import, GmbH., Leipzig C 1, Postschließfach 276, oder den Akademie-Verlag GmbH., Berlin W 8, Leipziger Str. 3–4 (Fernruf: 220441; Telex-Nr. 011773; Postscheckkonto 35021) erbeten. Bestellnummer dieses Heftes: 1014/15/1. Alleinige Anzeigenannahme DEWAG-WERBUNG, Berlin C 2, Rosenthaler Str. 28/31, und alle DEWAG-Betriebe in den Bezirksstädten der DDR.

Bestellungen in der UdSSR nehmen entgegen: Städtische Abteilungen von „SOJUZPECHATJ“ bzw. Postämter und Postkontore.

Herausgeber und verantwortlich für den Inhalt: Prof. Dr. Erich Correns, Institut für Faserstoff-Forschung der Deutschen Akademie der Wissenschaften zu Berlin, Teltow-Seehof, Fernruf: Teltow 4431; Prof. Dr.-Ing. habil. Wolfgang Bobeth, Institut für Technologie der Fasern der Deutschen Akademie der Wissenschaften zu Berlin, Dresden A 1, Hohe Str. 6, Fernruf: Dresden 40837; Prof. Dr.-Ing. Hans Böhringer, Institut für Textiltechnologie der Chemiefasern Rudolstadt, Fernruf: Rudolstadt 2031; Prof. Dr. Hermann Klare, Institut für Faserstoff-Forschung der Deutschen Akademie der Wissenschaften zu Berlin, Teltow-Seehof, Fernruf: Teltow 4431. Schriftleiter: Joachim Brämer, Teltow-Seehof, Kantstr. 55. Verlag: Akademie-Verlag GmbH., Berlin W 8, Leipziger Str. 3–4. Satz und Druck: Druckhaus „Maxim Gorki“, Altenburg. – Veröffentlicht unter der Lizenznummer 1280 des Presseamtes beim Vorsitzenden des Ministerrates der Deutschen Demokratischen Republik.

Manuskriptsendungen von chemischen Beiträgen sind an die Herren Prof. Dr. Correns oder Prof. Dr. Klare, von technologischen Beiträgen an die Herren Prof. Dr. Bobeth oder Prof. Dr. Böhringer zu richten. Für Inhalt und Form gelten die „Richtlinien für die Annahme und Abfassung von Beiträgen“, erhältlich von der Schriftleitung. Die Verfasser größerer wissenschaftlicher Arbeiten erhalten außer dem Honorar ein Heft und 50 Sonderdrucke ihrer Arbeit unentgeltlich.

Faserforschung und Textiltechnik

WISSENSCHAFTLICH-TECHNISCHE ZEITSCHRIFT
FÜR DIE CHEMIEFASER- UND TEXTILINDUSTRIE

BEGRÜNDET VON
ERICH CORRENS UND WALTER FRENZEL

HERAUSGEGEBEN VON E. CORRENS —
W. BOBETH — H. BÖHRINGER — H. KLARE

SCHRIFTLEITER J. BRÄMER

14. Jahrgang 1963

AKADEMIE-VERLAG BERLIN

Inhaltsverzeichnis Jahrgang 14

Verfasserverzeichnis

(KM) = Kurze Mitteilung

Sachverzeichnis

Die Zeitschrift „Faserforschung und Textiltechnik" erscheint monatlich in Heften zu 48 Textseiten im Format A 4. Der Preis für das Einzelheft beträgt DM 9,—, für den Vierteljahrbezug DM 27,— zuzügl. Bestellgeld. Die Berechnung erfolgt zu Beginn eines Vierteljahrs für 3 Hefte. Bestellungen aus dem Gebiet der Deutschen Demokratischen Republik an ein Postamt, eine Buchhandlung oder den Verlag, aus der Deutschen Bundesrepublik an eine Buchhandlung oder die Auslieferungsstelle Kunst und Wissen, Erich Bieber, Stuttgart S, Wilhelmstraße 4—6, aus dem Ausland an eine Importbuchhandlung, den Deutschen Buch-Export und -Import GmbH., Leipzig C 1, Postschließfach 276, oder den Akademie-Verlag GmbH., Berlin W 8, Leipziger Str. 3—4 (Fernruf: 220441; Telex-Nr. 011773; Postscheckkonto 35021) erbeten. Bestellnummer dieses Bandes: 1014/14. Alleinige Anzeigenannahme DEWAG-WERBUNG, Berlin C 2, Rosenthaler Str. 28/31, und alle DEWAG-Betriebe in den Bezirksstädten der DDR.

Bestellungen in der UdSSR nehmen entgegen: Städtische Abteilungen von „SOJUZPECHATJ" bzw. Postämter und Postkontore.

Herausgeber und verantwortlich für den Inhalt: Prof. Dr. Erich Correns, Institut für Faserstoff-Forschung der Deutschen Akademie der Wissenschaften zu Berlin, Teltow-Seehof, Fernruf: Teltow 4431; Prof. Dr.-Ing. habil. Wolfgang Bobeth, Institut für Technologie der Fasern der Deutschen Akademie der Wissenschaften zu Berlin, Dresden A 1, Hohe Str. 6, Fernruf: 40837; Prof. Dr.-Ing. Hans Böhringer, Institut für Textiltechnologie der Chemiefasern Rudolstadt, Fernruf: Rudolstadt 2031; Prof. Dr. Hermann Klare, Institut für Faserstoff-Forschung der Deutschen Akademie der Wissenschaften zu Berlin, Teltow-Seehof, Fernruf: Teltow 4431. Schriftleiter: Joachim Brämer, Teltow-Seehof, Kantstr. 55. Verlag: Akademie-Verlag GmbH., Berlin W 8, Leipziger Str. 3—4. Satz und Druck: Druckhaus „Maxim Gorki", Altenburg. — Veröffentlicht unter der Lizenznummer 1280 des Presseamtes beim Vorsitzenden des Ministerrates der Deutschen Demokratischen Republik.

Faserforschung und Textiltechnik

WISSENSCHAFTLICH-TECHNISCHE ZEITSCHRIFT FÜR DIE CHEMIEFASER- UND TEXTILINDUSTRIE

Band 15 Januar 1964 Heft 1

Zur Eigenschaftsbeeinflussung von Faserstoffen durch radioaktive Strahlen

Teil III. Weitere Untersuchungen an reaktorbestrahlten Faserstoffen[1])

Wolfgang Bobeth, Adolf Heger, Ingeborg Syrbe und Axel Scherler
Institut für Textiltechnik der Technischen Universität Dresden

DK 539.12:677.4.004.12:677.1.004.12
539.41:539.382.2

Proben von Polyamid-, Polyacrylnitril- und Polyesterfaserstoffen sowie Kupferseide und Flachsgarn wurden im Reaktor Rossendorf mit unterschiedlichen Dosisbeträgen bestrahlt. Die infolge der Bestrahlung eingetretenen Veränderungen der Festigkeits- und Dehnungseigenschaften, der Dichte sowie des Makro- und Mikrolöseverhaltens werden mitgeteilt und diskutiert.

К влиянию радиоактивных излучений на свойства волокон. Часть 3—яя. Продолжение исследований волокон, облученных в реакторе

Проведено облучение образцов полиамидных, полиакрилонитрильных и полиэфирных волокон, а также медноаммиачного шелка и льняной пряжи в реакторе (Россендорф) при различных дозах. Приводятся данные о вызванном при облучении изменении физико-механических свойств, плотности и растворимости волокон в макроскопических и микроскопических областях. В заключение обсуждаются полученные результаты.

On the Influence of Radioactive Radiation upon the Properties of Fibrous Materials.
Part III. Further Investigations on Fibrous Materials Irradiated by Reactor Radiation

Samples of polyamide, polyacrylonitrile, polyester fibres, cuprammonium rayon, and flax yarn were exposed to radiation at various doses in the reactor of Rossendorf. The changes in strength, extension and density as well as the solubility changes in microscopic and macroscopic scale provoked by the radiation are reported and discussed.

1 *Untersuchungsmaterialien und Bestrahlungsbedingungen*

Untersucht wurden folgende Faserstoffe:

Polyamid-Monofil (DEDERON)	Nm 450 (2,2 tex)
Polyacrylnitrilfasergarn (WOLCRYLON-Fasern, Typ 4, Nm 2400, 100 mm Schnittlänge, VK 59/1013)	Nm 48 (20,8 tex)
Polyesterseide (TREVIRA) (1000 den, hochfest, glänzend, Ia, 100 T/m)	Nm 8,6 (116 tex)
Kupferseide (Pirna)	Nm 145,5 (6,87 tex)
Flachsgarn	Nm 15,6 (64 tex)

[1]) Teil II s. d. Z. **12** (1961) 9, S. 423—429.

Die Bestrahlung dieser Proben mit unterschiedlichen Dosisbeträgen war mit Temperaturwirkungen zwischen 60 und 90°C verbunden. Zur Bestrahlung wurden die puppenförmig aufgewickelten Garnproben in Aluminiumbehältern untergebracht; die Bestrahlung selbst erfolgte in Luftanwesenheit (vgl. [1]).

Die Bestrahlungsbedingungen sind aus den Tabellen 1 und 2 zu ersehen.

In diesem Zusammenhang war der äußere Zustand des Materials nach der Bestrahlung recht interessant, was bezüglich der Versuchsergebnisse bereits vorweggenommen sei. WOLCRYLON, das schwach gelblich angeliefert wurde, zeigte nach der Bestrahlungsstufe L5 (vgl. Tabelle 1 bzw. 2)

Tabelle 1. Bestrahlungsbedingungen bei der Bestrahlung mit langsamen (thermischen) Neutronen (L-Reihe)

Bestrahlungsstufe	L1	L2	L3	L4	L5
Bestrahlungsdosis für alle Proben [n/cm²]	10^{13}	10^{14}	10^{15}	10^{16}	10^{17}
begleitende Gammadosis [r]	$4,8 \cdot 10^4$	$4,8 \cdot 10^5$	$4,8 \cdot 10^6$	$4,8 \cdot 10^7$	$1,2 \cdot 10^8$
Bestrahlungszeit	56 s	560 s	93,5 min	15,4 h	43,7 h

Tabelle 2. Bestrahlungsbedingungen bei der Bestrahlung mit schnellen Neutronen (S-Reihe)

Bestrahlungsstufe	S1	S2	S3	S4	S5
Bestrahlungsdosis für alle Proben [n/cm²]	10^{13}	10^{14}	10^{15}	10^{16}	[1])
begleitende Gammadosis [r]	$2,2 \cdot 10^5$	$2,2 \cdot 10^6$	$2,2 \cdot 10^7$	$2,2 \cdot 10^8$	—
Bestrahlungszeit	295 s	286 s	47,7 min	47,7 min	—

[1]) Bei der Bestrahlungsstufe S5 (10^{17} n/cm²) erfolgte eine völlige Zerstörung aller Proben, was auf die große begleitende Gamma-Dosis in Verbindung mit der höheren Temperatur zurückzuführen sein dürfte.

eine intensive Braunfärbung; nach der Stufe S4 war es bereits schwarz.

DEDERON verfärbte sich nicht so intensiv, lediglich bei den Bestrahlungsstufen S4 und L5 nahm das Material eine gelbliche Farbe an.

Von *Kupferseide* blieb nach Stufe S4 nur noch ein schwarzer, vollkommen verhärteter Materialklumpen übrig.

TREVIRA erwies sich als besonders resistent; nur nach Bestrahlungsstufe S4 trat eine gewisse Verfärbung ein.

Flachsgarn schlug nach den Stufen L5 und S4 von Grau (unbestrahlt) in Braun um, wobei das Garn seine Festigkeit vollkommen verlor (Versprödung).

2 *Versuchsdurchführung und Auswertungsmethoden*

Bei Untersuchung der *Festigkeits- und Dehnungseigenschaften* der reaktorbestrahlten Faserstoffe wurden vorwiegend Elementarfäden bzw. Fasern geprüft. Bei Kupfer- und TREVIRA-Seide konnten jedoch die Elementarfäden wegen der großen Feinheit und der damit verbundenen geringen Festigkeit nicht unbeschädigt dem Gesamtfadenverband entnommen werden (besonders bei hohen Bestrahlungsdosen), so daß in diesen beiden Fällen die Seiden geprüft werden mußten. Beim Flachsgarn war es von vornherein unmöglich, Fasern mit einer für den Zugversuch geeigneten Länge zu entnehmen.

Die Prüfung von Polyamid-Monofil (DEDERON), WOLCRYLON und Flachsgarn erfolgte an einem Zugfestigkeitsprüfgerät mit Eltas-Meßkopf (Hersteller: G. Hahn, Grüna/Sa.), also mit praktisch konstanter Dehngeschwindigkeit.

Kupfer- und TREVIRA-Seide hingegen wurden an einem Prüfgerät mit konstanter Geschwindigkeit der ziehenden Klemme (Pendelwaagen-Prinzip) untersucht.

Die *Einspannlänge* betrug in Abweichung von der Norm wegen des nur in geringem Umfange zur Verfügung stehenden Probenmaterials in allen Fällen 100 mm. Die *Prüfgeschwindigkeit* wurde so eingestellt, daß der Bruch an den unbestrahlten Proben jeweils nach etwa 20 s erfolgte; diese Geschwindigkeit wurde für alle nachfolgenden Bestrahlungsstufen beibehalten.

Alle Zugversuche wurden im *Normalklima* (20 °C; 65% r. L.) durchgeführt.

Die *mittlere Bruchkraft* und *-dehnung* wurden für die Flachsproben aus je 50, für alle übrigen Proben aus je 25 Einzelwerten ermittelt. Aus der metrischen Nummer Nm [m/g], der Kraft P [p] und der Dichte ϱ [g/cm³] errechnete sich die Spannung σ gemäß der Beziehung

$$\sigma = \frac{P \cdot \mathrm{Nm} \cdot \varrho}{1000} \ [\mathrm{kp/mm^2}], \qquad (1)$$

wobei für die Dichte ϱ folgende Werte eingesetzt wurden[2]):

DEDERON $\varrho = 1{,}15$ g/cm³,
WOLCRYLON: $\varrho = 1{,}18$ g/cm³,
TREVIRA: $\varrho = 1{,}38$ g/cm³,
Kupferseide: $\varrho = 1{,}52$ g/cm³,
Flachs: $\varrho = 1{,}50$ g/cm³.

Die Methodik zum Aufstellen der mittleren *Spannungs-Dehnungs-Diagramme* ist bereits im Teil II [1] beschrieben, ebenso die Formel zur Bestimmung der *Zugsprödigkeit* nach *G. Satlow*. Die *spezifische Zerreißbarkeit* a_V wurde nach der Beziehung

$$a_V = q \cdot \sigma_B \cdot \frac{\Delta L_B}{L_0} \ [\mathrm{kpm/cm^3}] \qquad (2)$$

berechnet, wobei q den Völligkeitsgrad (= Verhältnis von Diagrammfläche und Fläche des umschriebenen Rechtecks der mittleren Spannungs-Dehnungs-Diagramme), σ_B die mittlere Bruchspannung [kp/mm²], ΔL_B die Bruchdehnung ($= L_B - L_0$) [mm] und L_0 die Ausgangslänge [mm] bedeuten.

[2]) Die Änderung der Dichte in Abhängigkeit von der Bestrahlung wurde *nicht* berücksichtigt.

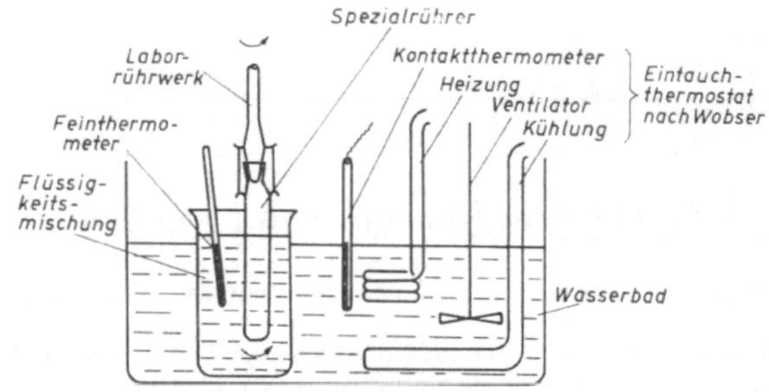

Bild 1. Schematische Darstellung der Versuchsapparatur zur Dichtebestimmung

Zur Ermittlung der *Dichte*veränderungen, die Rückschlüsse auf strukturelle Änderungen zulassen, erwies sich die Schwebemethode als brauchbar. Dabei wurde eine von *W. Götze* [2] aufgestellte Arbeitsvorschrift benutzt.

Die zu prüfenden klimatisierten Proben kamen in Form eines geknoteten Faserbündels von etwa 5 mg Masse zur Untersuchung.

Die Versuchsapparatur zeigt Bild 1. Sie besteht aus folgenden Einzelheiten:

1. Glasgefäß mit der Flüssigkeitsmischung,
2. Laborrührwerk mit perforiertem Spezialrührer,
3. Glasgefäß für das Wasserbad konstanter Temperatur und
4. Eintauchthermostat nach *Wobser*.

Die jeweilige Probe wurde in den Spezialrührer eingebracht und dieser in die Imbibitionsflüssigkeit eingetaucht. Die Faserprobe sinkt zunächst auf den Glasboden, da die Dichte der Flüssigkeitsmischung zu Beginn der Messung kleiner als die der Probe gewählt wird. Der Spezialrührer war nun an den Glasstutzen des Laborrührwerks mittels zweier Gummiringe anzuschließen. Nach Einschalten des Rührwerkes wurde durch tropfenweises Zugeben der schwereren Flüssigkeitskomponente die Flüssigkeitsdichte auf die Dichte der Faserprobe eingestellt. Dieser Zustand ist dann erreicht, wenn die Probe nach Abschalten des Rührwerkes in einem vorgegebenen Meßbereich zwischen zwei Marken in der Mitte des Spezialrührers im Flüssigkeitsgemisch schwebt. Die Dichte des Flüssigkeitsgemisches (und somit die Dichte des jeweiligen Faserstoffes) wird dann mit einem Aräometer bestimmt.

Die *Meßzeit* (gemessen vom Zeitpunkt des Einbringens der Probe in die Imbibitionsflüssigkeit) betrug etwa 1 h, die *Meßtemperatur* $t = 20$ °C.

An die Flüssigkeitsmischungen werden folgende Anforderungen gestellt:

1. Das Fasermaterial darf nicht mit den Komponenten der Mischung reagieren,
2. Der Meßbereich (Dichteunterschied der beiden Flüssigkeitskomponenten) ist klein zu halten, um eine große Meßgenauigkeit zu erreichen.

Für die Untersuchungen kamen folgende Flüssigkeitsgemische zum Einsatz:

Xylol ($\varrho = 0{,}9$ g/cm³) und Acetylentetrachlorid ($\varrho = 1{,}6$ g/cm³) bzw.
Xylol ($\varrho = 0{,}9$ g/cm³) und Tetrachlorkohlenstoff ($\varrho = 1{,}6$ g/cm³)

Es wurden jeweils 10 Einzelmessungen durchgeführt und statistisch ausgewertet.

Strukturelle Veränderungen an Faserstoffen infolge Bestrahlungseinwirkungen äußern sich auch im *Löseverhalten*. Die als Fixiergradprüfung für Polyamidfaserstoffe ausgearbeitete Arbeitsvorschrift für die Makrolösung KLZ (= kritische Lösezeit) [3] erwies sich für diese Untersuchungen als brauchbar. Unter der „kritischen Lösezeit" versteht man die Zeitdauer vom Eintauchen einer gering belasteten und vorher klimatisierten Fadenschlinge in das Lösungsmittel bis zum Abfallen des Massestückes. Dem Prüfgut werden hierfür Fadenstücke entnommen, die keine offensichtlichen Deformationen oder fehlende bzw. gebrochene Einzelfäden aufweisen. Bild 2 zeigt die benutzte Apparatur.

Das Quellungs- und Löseverhalten von Faserstoffen in Abhängigkeit von den Bestrahlungseinflüssen läßt sich auch *mikroskopisch* untersuchen. Allerdings kann man hier den Endpunkt eines Lösevorganges nicht eindeutig feststellen. Eine genau definierte Meßgröße ist aber die Quellungsumsetzungszeit, worunter man die Durchdringung des Faserkörpers mit dem Lösungsmittel von außen nach innen ver-

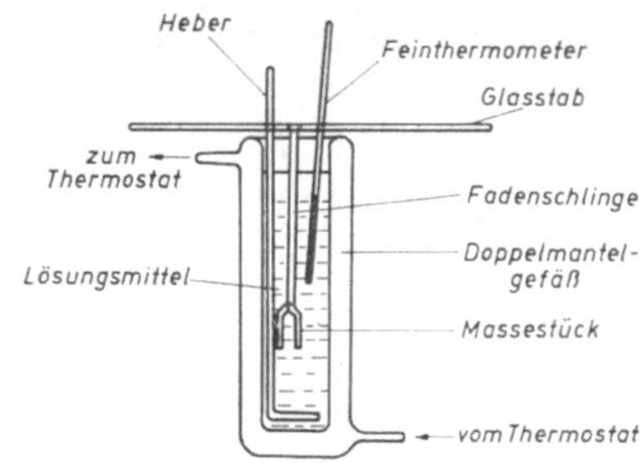

Bild 2. Versuchsapparatur zur Bestimmung der kritischen Lösezeit

Tabelle 3. Auswertung der Zugversuche

Material	Bestrahlungsstufe	Mittlere Bruchkraft [p]	Vertrauensbereich des Bruchkraftmittelwertes [p]	Mittlere Bruchspannung [kp/mm²]	Mittlere Bruchdehnung [%]	Vertrauensbereich des Bruchdehnungsmittelwertes [%] bei S = 95%	Völligkeitsgrad	spezifische Zerreißarbeit a_v [kpm/cm³]	Zugsprödigkeit nach *Satlow* $\tan \alpha_z$ [kp/mm²/%]	α_z [°]
DEDERON-Monofil	0	68	62,3 ··· 73,7	35,2	12,2	12,0 ··· 12,4	0,441	1,89	2,35	66,95
	S1	109	107 ··· 111	56,4	24,4	23,3 ··· 25,5	0,567	7,80	2,83	70,54
	S2	105	103 ··· 107	54,3	22,0	20,7 ··· 23,3	0,560	6,69	2,98	71,45
	S3	79	77,6 ··· 80,4	40,9	14,8	14,4 ··· 15,1	0,525	3,18	2,56	68,67
	S4	64	62,9 ··· 65,1	33,1	16,3	16,1 ··· 16,5	0,515	2,78	2,16	65,16
	L1	111	109 ··· 113	57,4	23,8	22,6 ··· 25,0	0,589	8,05	3,32	73,24
	L2	114	112 ··· 116	58,7	24,5	23,5 ··· 25,6	0,563	8,10	3,06	71,90
	L3	109	107 ··· 111	56,4	23,9	22,9 ··· 24,9	0,541	7,29	2,73	69,89
	L4	69	68,1 ··· 69,9	35,7	13,0	12,8 ··· 13,2	0,546	2,54	2,38	67,21
	L5	11	10,0 ··· 11,6	5,6	6,4	6,0 ··· 6,8	0,418	0,15	0,63	32,20
WOLCRYLON-Garn	0	282	263 ··· 301	15,9	10,3	10,0 ··· 10,6	0,560	0,92	2,24	65,94
	S1	273	250 ··· 296	15,5	10,2	9,7 ··· 10,7	0,585	0,92	2,32	66,68
	S2	258	238 ··· 278	14,6	9,7	9,1 ··· 10,3	0,643	0,91	2,09	64,43
	S3	256	239 ··· 273	14,5	9,3	8,8 ··· 9,8	0,600	0,81	2,18	65,36
	L1	258	239 ··· 277	14,6	10,3	9,9 ··· 10,7	0,635	0,96	2,02	63,66
	L2	245	223 ··· 267	13,9	9,9	9,4 ··· 10,5	0,635	0,87	1,92	62,49
	L3	235	215 ··· 255	13,3	10,0	9,5 ··· 10,5	0,591	0,79	1,75	60,26
	L4	220	199 ··· 241	12,5	8,2	7,5 ··· 8,9	0,624	0,64	2,16	65,16
	L5	69	63 ··· 75	3,9	1,5	1,4 ··· 1,6	0,434	0,03	3,40	73,61
TREVIRA-Seide	0	6350	6310 ··· 6390	75,1	12,1	11,7 ··· 12,5	0,562	5,11	6,81	81,65
	S1	6350	6300 ··· 6400	75,1	12,4	12,0 ··· 12,8	0,633	5,90	8,20	83,06
	S2	6340	6310 ··· 6370	75,0	12,8	12,5 ··· 13,1	0,623	5,98	7,79	82,69
	S3	6040	6010 ··· 6070	71,5	12,9	12,6 ··· 13,2	0,592	5,46	6,82	81,65
	L1	6440	6410 ··· 6470	76,2	12,9	12,6 ··· 13,2	0,637	6,26	7,83	82,73
	L2	6410	6380 ··· 6440	78,8	12,4	12,0 ··· 12,8	0,615	6,01	7,70	82,60
	L3	6420	6390 ··· 6450	76,0	12,6	12,4 ··· 12,8	0,622	5,95	7,56	82,47
	L4	6300	6290 ··· 6310	74,5	13,1	12,8 ··· 13,4	0,634	6,19	8,01	82,88
	L5	4060	4030 ··· 4090	48,0	11,4	11,1 ··· 11,7	0,588	3,22	4,55	77,60
Kupferseide	0	88	86,7 ··· 89,3	19,5	14,0	13,5 ··· 14,5	0,693	1,89	1,87	61,90
	S1	89	87,6 ··· 90,4	19,7	14,8	14,2 ··· 15,4	0,700	2,04	1,84	61,50
	S2	83	81,8 ··· 84,2	18,4	12,4	12,1 ··· 12,7	0,718	1,63	2,06	64,10
	S3	64	62,6 ··· 65,4	14,2	7,6	7,3 ··· 7,9	0,673	0,72	4,14	76,42
	L1	90	88,8 ··· 91,2	19,9	14,1	13,6 ··· 14,6	0,696	1,95	2,10	64,53
	L2	87	85,7 ··· 88,3	19,2	14,0	13,5 ··· 14,5	0,713	1,92	2,11	64,64
	L3	87	85,6 ··· 88,4	19,2	14,2	13,6 ··· 14,8	0,689	1,88	1,89	62,11
	L4	61	59,5 ··· 62,5	13,5	8,1	7,7 ··· 8,5	0,734	0,82	2,61	69,03
Flachsgarn	0	1430	1330 ··· 1530	33,5	2,2	2,0 ··· 2,3	0,467	0,34	14,89	86,16
	S1	1310	1210 ··· 1410	30,7	2,3	2,1 ··· 2,4	0,459	0,32	11,26	84,92
	S2	1190	1130 ··· 1250	27,9	2,3	2,2 ··· 2,4	0,441	0,28	9,59	84,05
	S3	350	330 ··· 370	8,3	1,0	0,9 ··· 1,1	0,490	0,04	6,53	81,30
	L1	1440	1300 ··· 1520	33,0	2,3	2,2 ··· 2,4	0,446	0,34	13,62	85,80
	L2	1290	1200 ··· 1390	30,2	2,3	2,2 ··· 2,5	0,432	0,30	11,64	85,10
	L3	1290	1200 ··· 1380	30,2	2,2	2,1 ··· 2,3	0,488	0,32	17,35	86,70
	L4	830	770 ··· 890	19,4	1,6	1,5 ··· 1,7	0,450	0,14	10,28	84,44

steht, was am Verschwinden des „Scheinlumens“ zu beobachten ist. Bei der Durchführung des mikroskopischen Quellungsverfahrens wurde nach dem von *W. Bobeth* und *G. Piechottka* [4] angegebenen Verfahren gearbeitet. Die Auswahl des Lösungsmittels richtete sich nach dem zu prüfenden Faserstoff. Die Lösungsmittelkonzentration wurde hinsichtlich des zeitlichen Verlaufes so ausgewählt, daß der Vorgang der Quellungsumsetzung genau beobachtet werden konnte.

3 *Versuchsergebnisse*

Im folgenden werden die Einflüsse der Reaktorstrahlung auf die Eigenschaften der untersuchten Faserstoffe im einzelnen diskutiert.

Polyamid (DEDERON-Monofil)

Wie Tabelle 3 erkennen läßt, wird bei DEDERON sowohl die *Bruchkraft* als auch die *Bruchdehnung* infolge der Bestrahlungseinflüsse wesentlich verändert. Die *Spannungs-Dehnungs-Diagramme* (Bild 3) zeigen anfangs den für Polyamid charakteristischen Verlauf; markante Abweichungen treten erst bei höheren Bestrahlungsstufen auf. Der große Unterschied zwischen unbestrahlter Probe und den mit geringer Dosis bestrahlten Proben ist nicht nur auf den Bestrahlungseinfluß, sondern wahrscheinlich auch auf zeitweilige unterschiedliche Lagerung der unbestrahlten und bestrahlten Proben zurückzuführen. Da durch die Neutronenbestrahlung eine Aktivierung der Fasermaterialien auftrat, mußten die Proben zunächst abklingen, wodurch sie erst etwa $1^1/_2$ Jahre nach der Bestrahlung untersucht werden konnten.

Die *Dichte* des Polyamid (Imbibitionsflüssigkeit: Xylol/Acetylentetrachlorid) nimmt in dem untersuchten Bestrahlungsbereich in geringem Maße zu. Bei der Bestrahlungsstufe L5 tritt eine Dichteerhöhung von 5,5% auf. Um zu zeigen, daß die Dichtezunahme nicht auf Temperatureinwirkungen während der Bestrahlung im Reaktor zurückzuführen ist, sondern tatsächlich ein Bestrahlungsergebnis darstellt, wurden unbestrahlte Proben auf 100 °C erhitzt. Die Werte in Tabelle 4 zeigen, daß die Dichte infolge Heißluftbehandlung nur unwesentlich ansteigt, die Dichteänderung also vorwiegend auf die Bestrahlungseinflüsse zurückzuführen ist, wobei natürlich die erhöhte Temperatur die durch Bestrahlung hervorgerufenen Änderungen begünstigen kann.

Tabelle 4. Einfluß einer Wärmebehandlung (Heißluft 100 °C) auf die Dichte von DEDERON *und* WOLCRYLON

Material	Dichte bei einer Behandlungszeit von			
	0 h	1 h	5 h	24 h
DEDERON-Monofil	1,157	1,157	1,158	1,158
WOLCRYLON	1,184	1,186	1,186	1,189

Tabelle 5. Untersuchungsergebnisse bei der Bestimmung der kritischen Lösezeit

Material	Bestrahlungsstufe	Mittlere kritische Lösezeit [min]	Vertrauensbereich [min] bei $S = 95\%$	Lösungsmittel
DEDERON-Monofil	0	0,39	±0,008	30 gew.%ige H_2SO_4 ($\varrho = 1{,}218$ g/cm³)
	S1	0,37	±0,009	
	S2	0,32	±0,006	
	S3	0,35	±0,007	
	S4	0,60	±0,012	
	L1	0,33	±0,009	
	L2	0,31	±0,008	
	L3	0,35	±0,009	
	L4	0,43	±0,008	
	L5	0,21	±0,010	
WOLCRYLON-Garn	0	0,62	±0,115	76 gew.%ige H_2SO_5 ($\varrho = 1{,}680$ g/cm³)
	S1	0,71	±0,221	
	S2	0,80	±0,154	
	S3	0,58	±0,126	
	L1	0,55	±0,113	
	L2	0,64	±0,199	
	L3	0,62	±0,182	
	L4	0,46	±0,154	
	L5	∞	—	
TREVIRA-Seide	0	0,48	±0,019	Phenol
	S1	0,46	±0,018	
	S2	0,46	±0,025	
	S3	0,41	±0,024	
	L1	0,47	±0,026	
	L2	0,47	±0,027	
	L3	0,48	±0,014	
	L4	0,50	±0,027	
	L5	0,30	±0,008	
Kupferseide	0	0,86	±0,026	Kupferoxydammoniak (4,77 g/l Kupfer) ($\varrho = 0{,}931$ g/cm³)
	S1	0,80	±0,025	
	S2	0,80	±0,022	
	S3	0,77	±0,032	
	L1	0,87	±0,026	
	L2	0,81	±0,036	
	L3	0,81	±0,035	
	L4	0,77	±0,049	

Die Untersuchungsergebnisse über die *kritische Lösezeit* sind in Tabelle 5 zusammengestellt. Die effektive Belastung der Fadenschlinge betrug 0,47 p, die Arbeitstemperatur 25 °C. Die Ergebnisse zeigen, daß die kritische Lösezeit zunächst absinkt (bis L2 und S2), um dann über den Ausgangswert (unbestrahlte Probe) anzusteigen. Bei L5 ist infolge der hohen Bestrahlungsdosis die Schä-

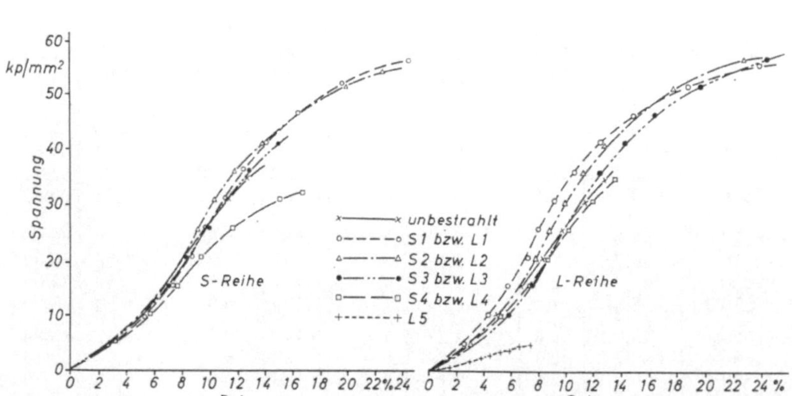

Bild 3. Spannungs-Dehnungs-Diagramme von reaktorbestrahltem DEDERON

Tabelle 6. Untersuchungsergebnisse bei der Bestimmung der Quellungsumsetzungszeit

Material	Bestrahlungsstufe	Mittlere Quellungsumsetzungszeit [min]	Vertrauensbereich [min] bei $S = 95\%$	Lösungsmittel
DEDERON	0	2,18	±0,06	26 gew.%ige H_2SO_4
	S1	2,05	±0,08	
	S2	2,01	±0,07	
	S3	1,53	±0,04	
	S4	1,42	±0,08	
	L1	2,14	±0,08	
	L2	2,09	±0,06	
	L3	1,67	±0,08	
	L4	1,44	±0,07	
	L5	0,46	±0,04	
WOLCRYLON	0	1,97	±0,11	Schwefelsäure/Amylacetat (1,5:1)
	S1	1,16	±0,15	
	S2	1,25	±0,18	
	S3	1,30	±0,23	
	S4	∞	—	
	L1	1,65	±0,15	
	L2	2,25	±0,23	
	L3	3,02	±0,53	
	L4	3,98	±0,38	
	L5	2,22	±0,48	
TREVIRA	0	2,15	±0,06	86 gew.%ige H_2SO_4
	S1	3,19	±0,34	
	S2	5,81	±0,91	
	S3	6,22	±0,98	
	L1	2,23	±0,25	
	L2	2,36	±0,23	
	L3	3,23	±0,37	
	L4	5,52	±0,77	
	L5	4,78	±0,52	

digung des Materials bereits so weit fortgeschritten, daß auch die kritische Lösezeit sich sehr stark verringert hat.

Bei der Untersuchung des *mikroskopischen Quellungsverhaltens* kam 26 gew.-%ige H_2SO_4 zur Anwendung. Die erhaltenen Ergebnisse sind in Tabelle 6 zusammengestellt. Mit zunehmender Bestrahlungsdosis nimmt die Quellungsumsetzungszeit erst allmählich, dann in immer stärkerem Maße ab. Bei allen bestrahlten Proben tritt eine Kelch- und Spitzenbildung des Scheinlumens an den Faserenden auf, wobei zu Beginn der Quellungsumsetzung eine Breitenquellung der Fasern beobachtet werden konnte. Mit fortschreitender Quellungsumsetzung trat eine Längskontraktion ein; dabei verringerten sich Quellung und Längskontraktion mit zunehmender Bestrahlungsdosis. Die charakteristischen Merkmale, die nach der Quellungsumsetzung beobachtet werden konnten, sind in Mikroaufnahmen festgehalten worden.

Bild 4 zeigt unbestrahltes DEDERON nach beendeter Quellungsumsetzung. Bei DEDERON der Bestrahlungsstufe L1 ist eine leicht wellige Oberfläche zu erkennen (Querstreifung der Faser), was auf das unterschiedliche Quellungsvermögen zwischen Fasermantel und Faserkern zurückzuführen sein dürfte (Bild 5). Vereinzelt kann auch die Bildung von Bläschen beobachtet werden, die von innen nach außen wandern. Die Bläschenbildung wird bei der Bestrahlungsstufe L2 noch intensiver (Bild 6).

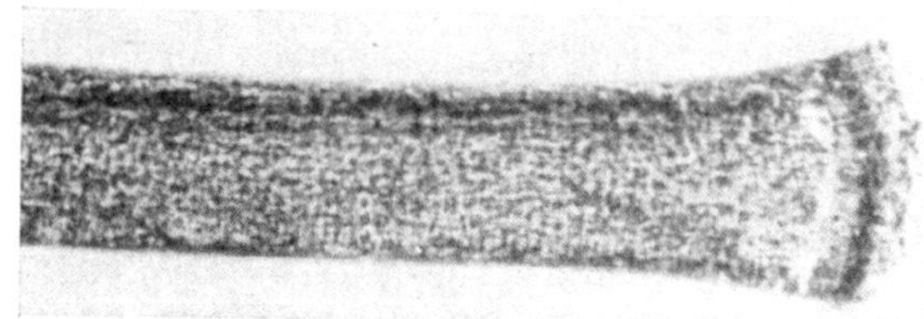

Bild 4. Mikrofotografie von unbestrahltem DEDERON nach beendeter Quellungsumsetzung in 26 gew.-%iger H_2SO_4

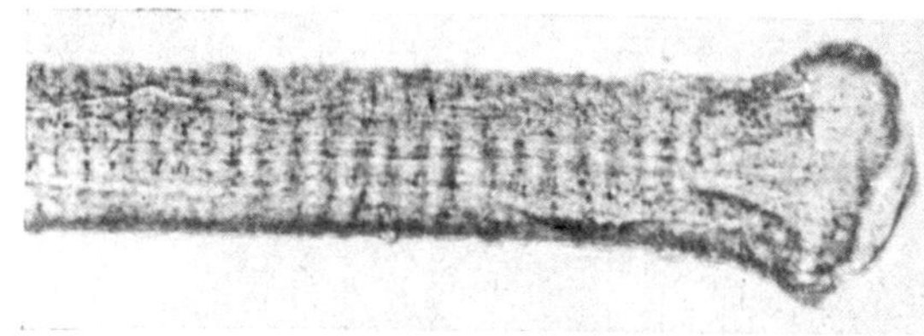

Bild 5. Mikrofotografie von bestrahltem DEDERON (Bestrahlungsstufe L1) nach beendeter Quellungsumsetzung

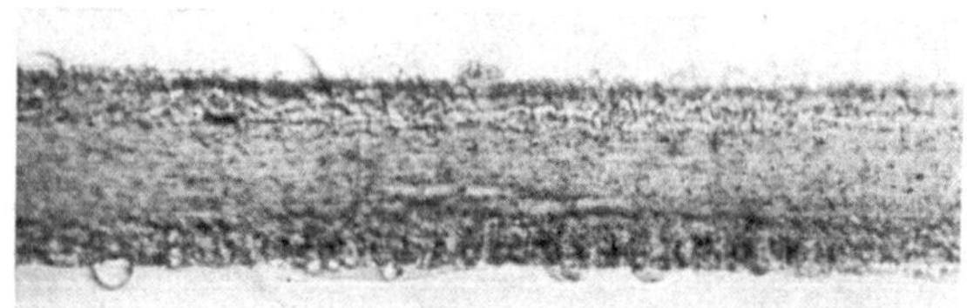

Bild 6. Mikrofotografie von bestrahltem DEDERON (Bestrahlungsstufe L2) nach beendeter Quellungsumsetzung

Bei der Bestrahlungsstufe L4 lösen sich die Faseraußenteile auf und umgeben den Faserkörper wolkenartig. Teile des Fasermantels springen auch ab, was durch die Längskontraktion des Faserkernes noch begünstigt wird (Bilder 7 bis 9). Erwähnt sei noch, daß

Bild 7. Mikrofotografie von bestrahltem DEDERON (Bestrahlungsstufe L4) nach beendeter Quellungsumsetzung

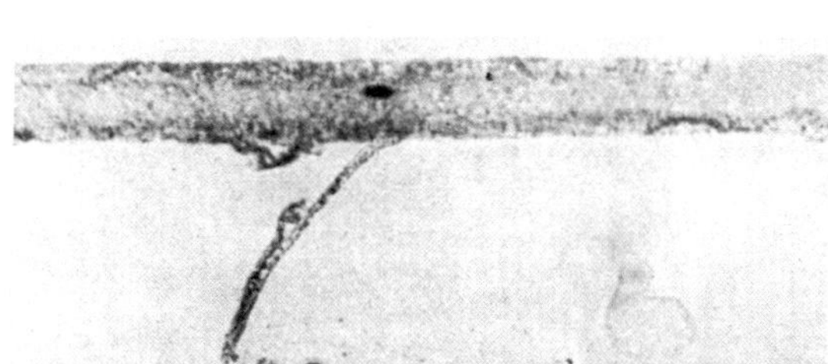

Bild 8. Mikrofotografie von bestrahltem DEDERON (Bestrahlungsstufe L4) nach beendeter Quellungsumsetzung

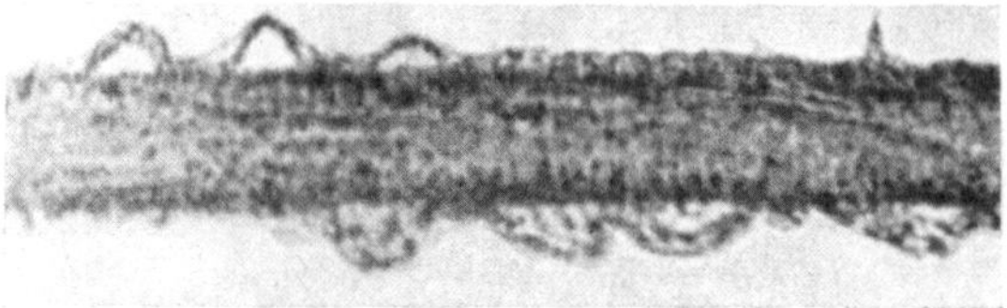

Bild 9. Mikrofotografie von bestrahltem DEDERON (Bestrahlungsstufe L4) nach beendeter Quellungsumsetzung

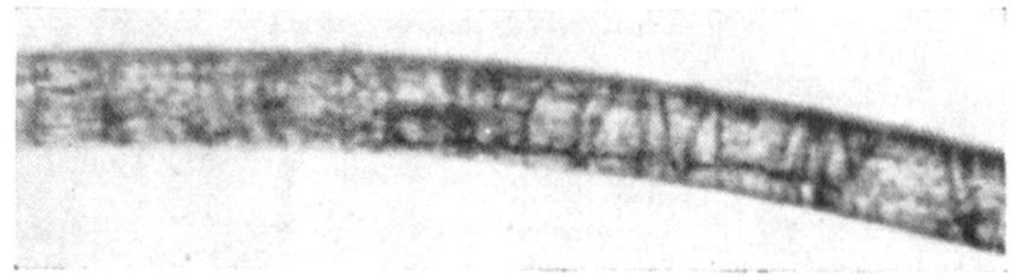

Bild 10. Einfluß der Bestrahlungsstufe L5 auf die Oberflächenveränderung der DEDERON-Probe (Einbettung in Wasser)

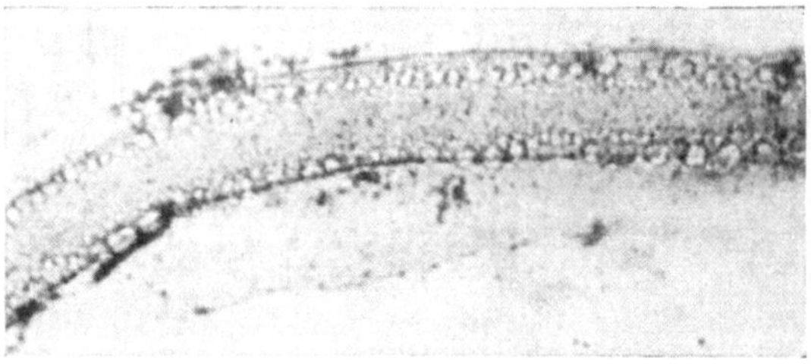

Bild 11. Mikrofotografie von bestrahltem DEDERON (Bestrahlungsstufe L5) nach beendeter Quellungsumsetzung. Es sind deutlich die sich bildenden Bläschen zu erkennen

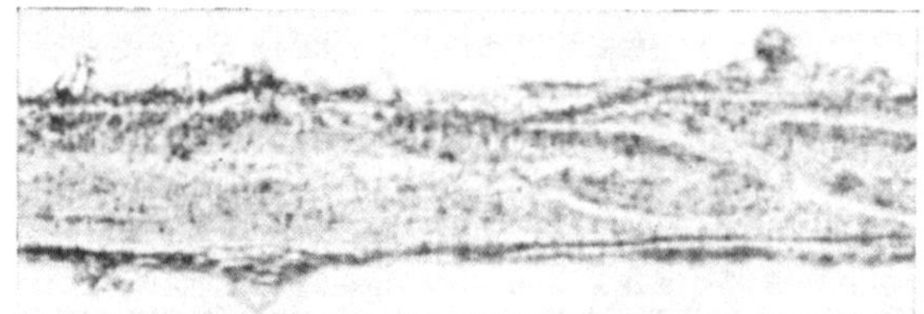

Bild 12. Mikrofotografie von bestrahltem DEDERON (Bestrahlungsstufe S4) nach beendeter Quellungsumsetzung

Bläschen bei den höheren Bestrahlungsstufen nur äußerst selten zu beobachten waren.

Eine durch die hohe Bestrahlungsdosis L5 stark geschädigte Oberfläche zeigt Bild 10 (Einbettung der Faser in Wasser). Die dunklen Querstreifen erinnern an die Schuppenschicht der Wollhaare. Kurz nach der Berührung der Faser mit der verwendeten Schwefelsäure konnte ein schlagartiges Ablösen der Mantelschicht beobachtet werden. Deutlich ist auch hier wieder das Herausdringen von Bläschen aus dem Faserinnern zu erkennen (Bild 11). Schließlich bleibt ein völlig strukturloser Schlauch übrig, der zu quellen beginnt und sich allmählich auflöst. Ähnliche Ergebnisse zeigt auch die Bestrahlung mit schnellen Neutronen (S-Reihe). Bei S4 hat sich der Fasermantel ebenfalls etwas abgetrennt, wobei Bläschen nur vereinzelt beobachtet werden konnten (Bild 12).

Polyacrylnitril (WOLCRYLON)

Bruchkraft und *Bruchdehnung* des WOLCRYLONS fallen in Abhängigkeit von der Bestrahlungsdosis leicht ab, lediglich bei der Bestrahlungsstufe L5 sind markante Änderungen festzustellen (vgl. Bild 13 und Tabelle 3). Die Form des *Spannungs-Dehnungs-Diagramms* bleibt dabei erhalten, nur bei der Bestrahlungsstufe L5 nimmt es bei geringer Zugbeanspruchung einen steileren Verlauf und bricht schon bei sehr geringen Festigkeits- und Dehnungswerten ab.

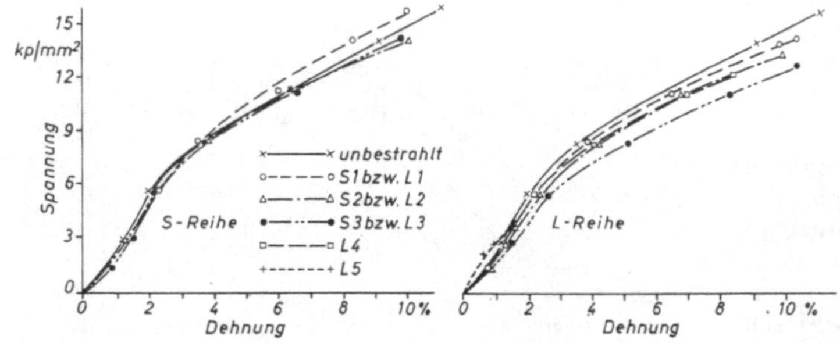

Bild 13. Spannungs-Dehnungs-Diagramme von reaktorbestrahltem WOLCRYLON

Bei Bestimmung der *Dichte* wurde ebenfalls eine Mischung von Xylol und Acetylentetrachlorid verwendet. Die Untersuchungsergebnisse sind in Tabelle 7 dargestellt. Es ist ein leichter Dichteanstieg zu verzeichnen; bei den Bestrahlungsstufen L5 und S4 hingegen treten Dichteerhöhungen von 1,6 bzw. 30,8 (!)% gegenüber dem unbestrahlten Material auf. Der Dichteanstieg ist auch hier wieder hauptsächlich auf den Bestrahlungseinfluß zurückzuführen (vgl. Tabelle 4).

Die Werte der *kritischen Lösezeit* sind Tabelle 5 zu entnehmen. Die effektive Belastung der Faserschlinge betrug hier 0,21 p. Als Lösungsmittel kam 76 gew.-%ige H_2SO_4 zur Anwendung, die Arbeitstemperatur lag bei 25 °C.

Zunächst fällt die große Streuung der Einzelwerte auf, was auf die unterschiedlichen Faserdurchmesser zurückzuführen ist.

Die Unterschiede der kritischen Lösezeiten bei den einzelnen Bestrahlungsstufen sind statistisch nicht gesichert, wobei die Bestrahlungsstufe L5 jedoch eine Ausnahme macht. Die Faserprobe erwies sich in dem verwendeten Lösungsmittel als unlöslich. Auch in konzentrierter Schwefelsäure, Salpetersäure, Salzsäure, Dimethylformamid, Chlorzinkjodlösung und Schwefelsäure/Amylacetat (1,5:1) konnte über einen Zeitraum von 5 Tagen keine Lösung beobachtet werden. Eine Bestrahlung mit der Dosis L5 (vgl. Tabelle 1) führt demnach zu grundlegenden strukturellen Veränderungen in der WOLCRYLON-Faser.

Bei Messung der *Quellungsumsetzungszeit* von WOLCRYLON wurde eine Mischung aus Schwefelsäure und Amylacetat (1,5:1) verwendet. Die Untersuchungsergebnisse sind Tabelle 6 zu entnehmen. Bei der L-Reihe ist zunächst ein starker Anstieg der Quellungsumsetzungszeit zu beobachten, der erst bei höheren Bestrahlungsdosen (L5) wieder abnimmt. In der S-Reihe

Tabelle 7. Ergebnisse der Dichteuntersuchungen

Material	Bestrahlungsstufe	Mittlere Dichte [g/cm³]	Vertrauensbereich [g/cm³] bei $S = 95\%$
DEDERON-Monofil	0	1,157	±0,0006
	S1	1,160	±0,0006
	S2	1,160	±0,0003
	S3	1,161	±0,0005
	S4	1,162	±0,0005
	L1	1,159	±0,0003
	L2	1,161	±0,0007
	L3	1,163	±0,0005
	L4	1,163	±0,0005
	L5	1,220	±0,0007
WOLCRYLON-Garn	0	1,184	±0,0007
	S1	1,184	±0,0005
	S2	1,185	±0,0002
	S3	1,185	±0,0005
	S4	1,449	±0,0006
	L1	1,183	±0,0005
	L2	1,185	±0,0005
	L3	1,185	±0,0002
	L4	1,185	±0,0005
	L5	1,203	±0,0004
TREVIRA-Seide	0	1,386	±0,0006
	S1	1,388	±0,0010
	S2	1,387	±0,0006
	S3	1,387	±0,0006
	L1	1,384	±0,0006
	L2	1,387	±0,0004
	L3	1,388	±0,0006
	L4	1,388	±0,0004
	L5	1,390	±0,0006
Kupferseide	0	1,496	±0,0006
	S1	1,501	±0,0003
	S2	1,502	±0,0002
	S3	1,503	±0,0003
	L1	1,494	±0,0006
	L2	1,495	±0,0006
	L3	1,497	±0,0003
	L4	1,502	±0,0006
Flachsgarn	0	1,496	±0,0006
	S1	1,505	±0,0002
	S2	1,503	±0,0006
	S3	1,501	±0,0009
	S4	1,496	±0,0006
	L1	1,497	±0,0005
	L2	1,503	±0,0005
	L3	1,503	±0,0005
	L4	1,502	±0,0009
	L5	1,498	±0,0000

sank die Quellungsumsetzungszeit bei den niederen Bestrahlungsstufen (S1 bis S3) zunächst auf etwa 60 bis 70% des am unbestrahlten Material erhaltenen Wertes ab; bei der Bestrahlungsstufe S4 blieb die Faser bei Einwirkung des Lösungsmittels unter dem Mikroskop unverändert.

An den Faserenden trat im allgemeinen eine Spitzenbildung des Scheinlumens ein. Während der Quellungsumsetzung war eine Breitenquellung, dann Längskontraktion und Fältelung zu beobachten, wobei sich Breitenquellung, Längskontraktion und Fältelung mit steigender Bestrahlungsdosis verringerten.

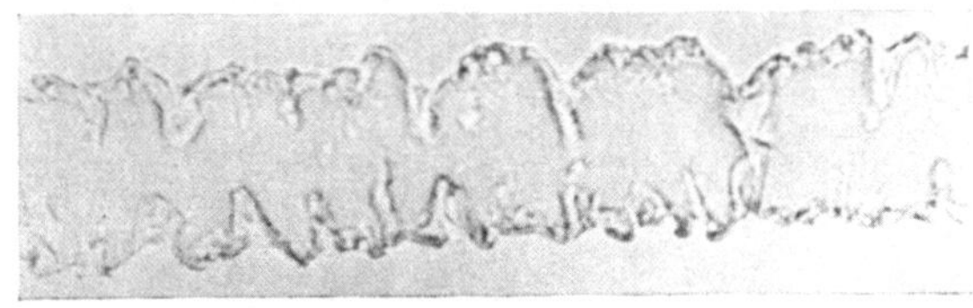

Bild 14. Mikrofotografie von unbestrahltem WOLCRYLON nach beendeter Quellungsumsetzung in Schwefelsäure/Amylacetat 1,5:1

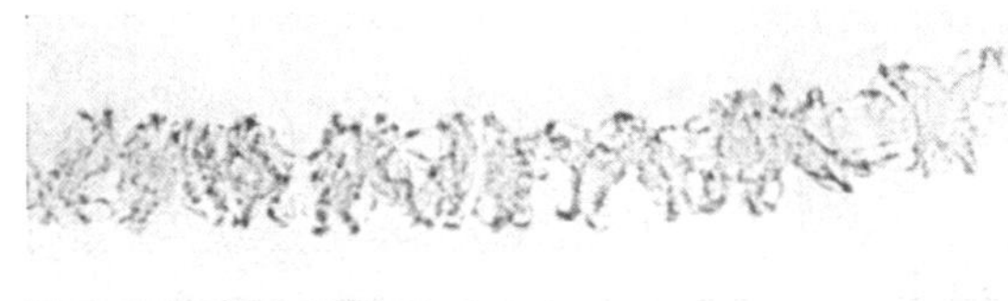

Bild 15. Mikrofotografie von bestrahltem WOLCRYLON (Bestrahlungsstufe L2) nach beendeter Quellungsumsetzung

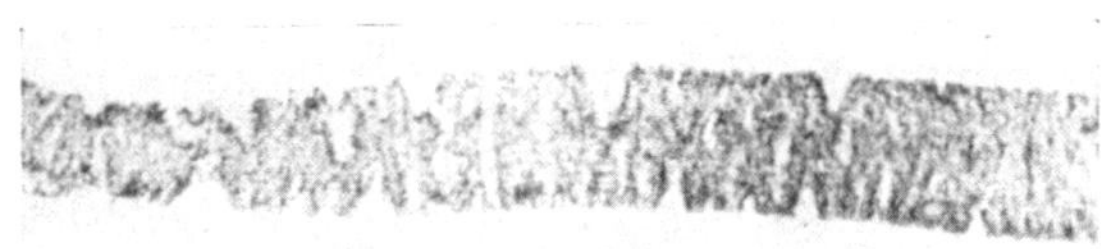

Bild 16. Mikrofotografie von bestrahltem WOLCRYLON (Bestrahlungsstufe L3) nach beendeter Quellungsumsetzung

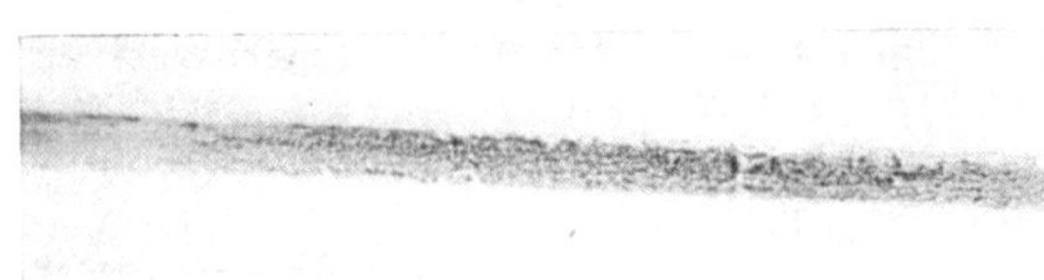

Bild 17. Mikrofotografie von bestrahltem WOLCRYLON (Bestrahlungsstufe L4) nach beendeter Quellungsumsetzung

Bild 18. Mikrofotografie von bestrahltem WOLCRYLON (Bestrahlungsstufe L5) nach beendeter Quellungsumsetzung

Unmittelbar nach beendeter Quellungsumsetzung wurden Mikroaufnahmen angefertigt. Bild 14 zeigt unbestrahltes WOLCRYLON. Bei der Bestrahlungsstufe L1 sind größere Einkerbungen festzustellen. Die Faser zeigt körniges Aussehen. Nach der Bestrahlung mit der Dosis L2 zeigt die Faser verringertes Quellvermögen[3]), wobei die Einkerbungen größer werden und der Faserkörper mitunter zerreißt (Bild 15). Breitenquellung, Längskontraktion und Einkerbungen werden nach der Bestrahlungsstufe L3 weiter vermindert (Bild 16). Nach der Bestrahlungsstufe L4 sind nur noch sehr geringe Einkerbungen vorhanden, Quellung und Längskontraktion sind auf einen kleinen Betrag zurückgegangen (Bild 17). An der äußeren Form wird nach der

[3]) Der Abbildungsmaßstab ist bei allen Mikrofotografien gleich!

Bild 19. Mikrofotografie von bestrahltem WOLCRYLON (Bestrahlungsstufe L1) nach beendeter Quellungsumsetzung

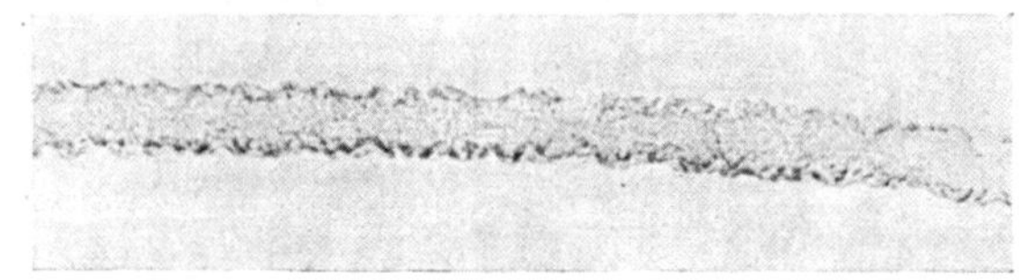

Bild 20. Mikrofotografie von bestrahltem WOLCRYLON (Bestrahlungsstufe S2) nach beendeter Quellungsumsetzung

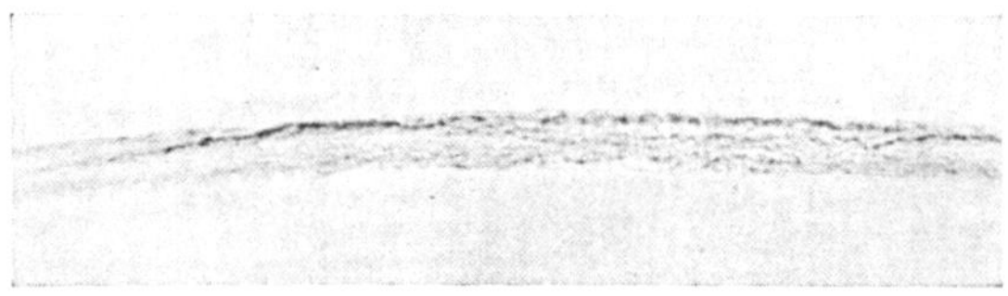

Bild 21. Mikrofotografie von bestrahltem WOLCRYLON (Bestrahlungsstufe S3) nach beendeter Quellungsumsetzung

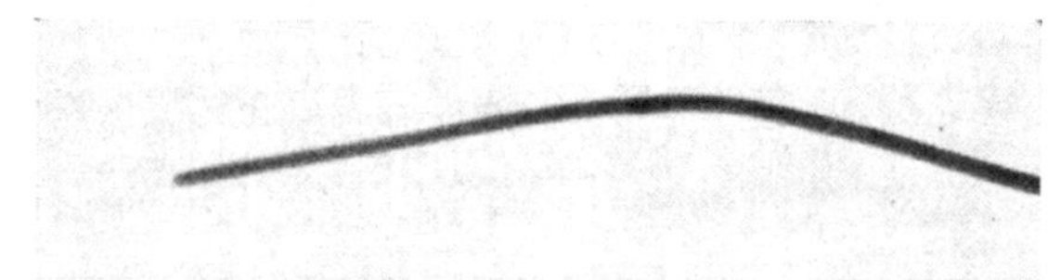

Bild 22. Mikrofotografie von bestrahltem WOLCRYLON (Bestrahlungsstufe S4). Es ist kein Ende der Quellungsumsetzung zu beobachten

Bestrahlung mit Stufe L5 nichts mehr geändert. Im Faserinnern bilden sich aber längliche Hohlräume aus (Bild 18)[4].

Nach der Bestrahlung mit S1 zeigt die Faser ähnliches Aussehen wie bei L2 (Bild 19). Bei S2 ist die Breitenquellung stark zurückgegangen. Es sind nur noch leichte Einkerbungen zu sehen (Bild 20). Nach der Bestrahlungsstufe S3 liegen die Verhältnisse ähnlich wie nach L4 (Bild 21). Die Bestrahlungsdosis S4 führt dazu, daß die Faser durch das Lösungsmittel nicht mehr verändert wird (Bild 22).

Polyester (TREVIRA)

Wie Tabelle 3 und Bild 23 zeigen, hat die Bestrahlung von TREVIRA nur sehr geringen Einfluß auf *Bruchkraft* und *Bruchdehnung*, lediglich bei der Bestrahlungsstufe L5 tritt eine statistisch gesicherte Verkleinerung dieser Werte auf. Bei den *Spannungs-Dehnungs-Diagrammen* weicht lediglich die L5-Probe vom charakteristischen Verlauf ab; sie verläuft bei höheren Spannungswerten etwa linear.

[4]) Der größere Durchmesser der Faser im Bild 18 gegenüber Bild 17 ist nicht auf Breitenquellung zurückzuführen, sondern auf die unterschiedlichen Durchmesser der WOLCRYLON-Fasern.

Bezüglich der Festigkeits- und Dehnungseigenschaften kann man sagen, daß TREVIRA am wenigsten von allen untersuchten Faserstoffen durch die Bestrahlung beeinflußt wird.

Gleiches gilt auch für die *Dichte* (Imbibitionsflüssigkeit: Xylol/Acetylentetrachlorid) (Tabelle 7).

Bei der Untersuchung der *kritischen Lösezeit* (Tabelle 5) wurde Phenol als Lösungsmittel benutzt. Die effektive Belastung betrug etwa 2 p, die Arbeitstemperatur lag bei 60 °C. Zu Beginn der Prüfung konnte Breitenquellung und Längskontraktion beobachtet werden. Markante Veränderungen der Meßwerte ergeben sich auch hier nur bei den größten Bestrahlungsdosen.

Der mikroskopischen Bestimmung der *Quellungsumsetzungszeit* wurde 86 gew.-%ige N_2SO_4 zugrunde gelegt. Die Untersuchungsergebnisse sind Tabelle 6 zu entnehmen. Es ist eine Zunahme der Quellungsumsetzungszeit zu beobachten, die Maxima liegen bei etwa 260 bzw. 290% (L4 bzw. S3). An den Schnittenden konnte Pilzkopfquellung oder Kelchbildung sowie Spitzenbildung des Scheinlumens beobachtet werden. Der bereits vom Lösungsmittel durchdrungene äußere Teil des Faserkörpers quoll stark an. Durch die auftretende Längskontraktion begann sich das Scheinlumen in bekannter Weise zu stauchen. Die Breitenquellung, Längskontraktion und Quellung der Schnittenden vermindert sich mit steigender Bestrahlungsdosis. Bis L3 bzw. bei S1 bildeten sich auf der Faseroberfläche kleine Bläschen, die auch nach beendeter Quellungsumsetzung noch vorhanden waren. Teilweise war bei Proben, die mit hoher Dosis bestrahlt wurden, ein Abspringen des gequollenen Außenteiles vom Scheinlumen zu beobachten. Bei L5 und S3 trat kaum Breitenquellung ein, erst gegen Ende der Quellungsumsetzung machte sich eine Längskontraktion bemerkbar. Das Scheinlumen ist so spröde, daß es bei Bewegung der Fasern nadelförmig zer-

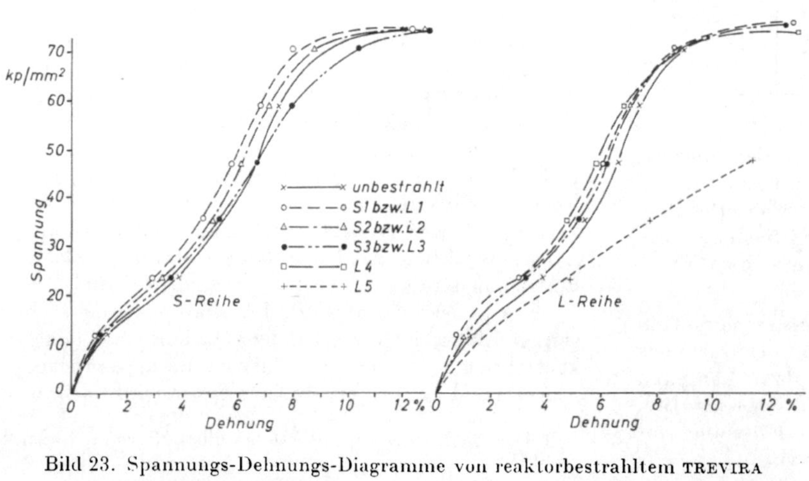

Bild 23. Spannungs-Dehnungs-Diagramme von reaktorbestrahltem TREVIRA

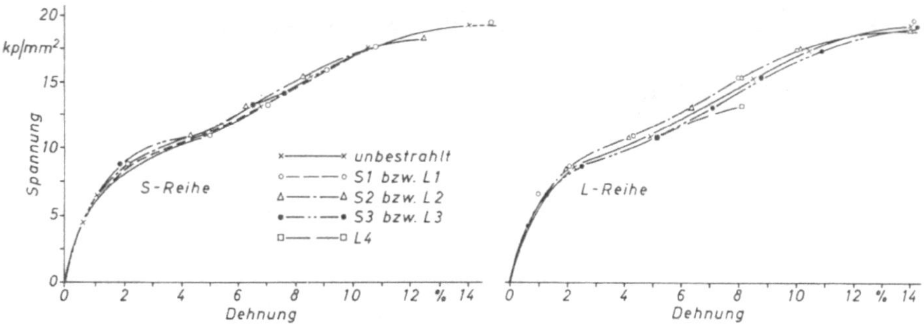

Bild 24. Spannungs-Dehnungs-Diagramme von reaktorbestrahlter Kupferseide

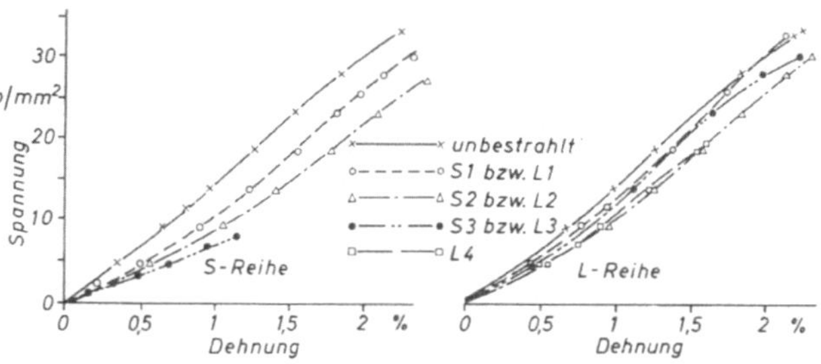

Bild 25. Spannungs-Dehnungs-Diagramme von reaktorbestrahltem Flachs

bricht und mitunter aus der gequollenen Faser herausragt.

Kupferseide

Kupferseide ist als Cellulosefaser sehr strahlenempfindlich, was sich besonders durch Veränderung von *Bruchkraft* und *Bruchdehnung* (Tabelle 3) sowie des *Spannungs-Dehnungs-Diagrammes* (Bild 24) bemerkbar macht. Die Proben der Bestrahlungsstufen S4 und L5 konnten wegen weitgehender Zerstörung (Versprödung) nicht mehr hinsichtlich ihres Kraft-Dehnungs-Verhaltens untersucht werden. Bei Bestimmung der *Dichte* kam ein Gemisch aus Xylol und Tetrachlorkohlenstoff als Imbibitionsflüssigkeit zur Anwendung. Die Ergebnisse sind Tabelle 7 zu entnehmen. Die Proben der Bestrahlungsreihe S4 eigneten sich infolge starker Schädigung nicht mehr für die Dichtemessung.

Die Bestimmung der *kritischen Lösezeit* wurde bei einer Eintauchtiefe von 50 mm vorgenommen (bei allen übrigen Faserstoffen: 100 mm), die effektive Belastung betrug 0,57 p bei einer Arbeitstemperatur von 20 °C. Tabelle 5 läßt eine geringfügig abfallende Wertetendenz erkennen. Da bei Kupferseide durch Einwirkung verschiedener Lösungsmittel nur eine Quellung, aber keine Scheinlumenbildung zu beobachten war, konnte das Ende der Quellungsumsetzung nicht einwandfrei ermittelt werden, so daß eine Bestimmung der *Quellungsumsetzungszeit* unter normalen Bedingungen nicht möglich war.

Flachs

Ebenso wie Kupferseide ist Flachs als *native* Cellulosefaser sehr strahlenempfindlich, was sich auch hier besonders in der — gegenüber Kupferseide noch stärkeren — Veränderung der *Bruchkraft* und *Bruchdehnung* (Tabelle 3) und des *Spannungs-Dehnungs-Diagrammes* (Bild 25) bemerkbar macht.

Bei Bestimmung der *Dichte* wurde ein Gemisch von Xylol und Tetrachlorkohlenstoff als Imbibitionsflüssigkeit verwendet. Die Ergebnisse dieser Untersuchungen sind Tabelle 7 zu entnehmen. Auf die Bestimmung der *kritischen Lösezeit* sowie der *Quellungsumsetzungszeit* wurde verzichtet.

4 Zusammenfassung

In vorliegender Arbeit wurden die durch eine Reaktorstrahlung (kombinierte Neutronen- und Gamma-Strahlung) hervorgerufenen Veränderungen der Festigkeits- und Dehnungseigenschaften, der Dichte, sowie des Makro- und Mikrolöseverhaltens von DEDERON, WOLCRYLON, TREVIRA, Kupferseide und Flachs durch systematische Reihenversuche in Abhängigkeit von der Bestrahlungsdosis untersucht und ein weiterer Einblick in die durch Strahleneinwirkung induzierten strukturellen Veränderungen der genannten Faserstoffe gegeben. Dabei kann gesagt werden, daß die strukturellen Veränderungen durch Dichtemessungen nur bedingt erfaßbar sind, weil sich offensichtlich durch das Entstehen von Gasen im Faserkörper Hohlräume bilden, die bei der Dichtemessung von der Imbibitionsflüssigkeit ausgefüllt werden, wodurch das wirksame Volumen ($\varrho = M/V$) geringer wird. Das wird besonders am Beispiel des Polyamid deutlich. Die erhaltenen Dichtewerte lassen deshalb keine unmittelbaren Schlüsse auf Änderungen z. B. der Kristallinität zu.

Die Bestimmung der kritischen Lösezeit als kombinierter Quellungs-, Löse- und Reißtest dürfte in Verbindung mit den Quellungsumsetzungszeiten Rückschlüsse auf die Bestrahlungseffekte (Vernetzung oder Hauptkettenspaltung) zulassen. Dabei ist es mit Hilfe der Mikroquellungsmethode möglich, die durch Bestrahlung verursachten Änderungen der Faserstoffe qualitativ an Hand der Mikrofotografien und quantitativ durch Messen der Quellungsumsetzungszeiten effektvoll nachzuweisen.

Von den untersuchten Faserstoffen besitzen TREVIRA und WOLCRYLON gute Strahlenresistenz. Dagegen wird Flachs bereits bei geringen Bestrahlungsdosen abgebaut.

Um genauere Aussagen über die infolge der Bestrahlung auftretenden strukturellen Veränderungen an Faserstoffen zu erhalten, empfiehlt es sich, die oben genannten Untersuchungsmethoden durch spektroskopische Methoden (Ultrarot-, Kernresonanz- und paramagnetische Elektronenresonanzspektroskopie) zu ergänzen.

Literatur

[1] *Bobeth, W.*, *Heger, A.*, und *Weihs, A.*, Zur Eigenschaftsbeeinflussung von Faserstoffen durch radioaktive Strahlen. Teil II. Vorläufige Untersuchungsergebnisse über Festigkeitsveränderungen. Faserforsch. u. Textiltechn. **12** (1961) 9, S. 423–429.

[2] *Götze, W.*, Dichtebestimmung an Polyamidseide mittels Schwebemethode. Diplomarbeit am Institut für Textiltechnik der TU Dresden 1962 (unveröffentlicht).

[3] Arbeitsvorschrift für die Makrolösung KLZ (= kritische Lösezeit) als Fixiergradprüfverfahren für Polyamid-Faserstoffe. Entwurf für FUA 6 V/Ma. August 1962.

[4] *Bobeth, W.*, und *Piechottka, G.*, Mikroskopische Quellungsuntersuchungen an mechanisch beanspruchten Polyamidfaserstoffen. Faserforsch. u. Textiltechn. **10** (1959) 10, S. 464–472.

Eingegangen am 8. August 1963

Über die Bestimmung der Biege-Steifigkeit und -Elastizität von Faserstoffen, Textilien und Folien mit einem neuen Gerät[1]

Walter Frenzel, Guido Hahn und Heinz Hesse †

DK 539.413:620.174:677:678—416

Das Verfahren und ein dazu entwickeltes Gerät mit elektromagnetischer Kraftanzeige und automatischer Registrierung werden beschrieben. Als Maß für die Biegeeigenschaft wird die Arbeit herangezogen, die zum Biegen und zur Rückführung eines Körpers in die Ausgangslage verbraucht wird. Aus der Größe dieser Arbeitsanteile und ihren gegenseitigen Beziehungen werden Rückschlüsse auf die Biegesteifigkeit, -elastizität und Materialzerstörung gewonnen. An Versuchen mit Faserstoffen, Borsten und Textilien wird die Arbeitsweise erläutert. Hierbei treten Unterschiede, die mit dem Rohstoff, der Querschnittsform und -größe, der technologischen Verarbeitung u. a. zusammenhängen, deutlich in Erscheinung.

Об определении жесткости и упругости волокон, текстильных изделий и пленок при изгибе с применением нового прибора

Описана методика работы при применении нового прибора с электромагнитным показанием усилия и автоматической регистрацией. В качестве меры поведения материала при изгибе служит работа, необходимая для изгиба тела и его возвращения в исходное положение. Исходя из величины составных частей этой работы и взаимосвязей между ними были сделаны выводы о жесткости и упругости материала при изгибе, а также о происходящем разрушении его. Для иллюстрации методики проведены опыты на волокнах, щетинах и текстильных изделиях. При этом различия, обусловленные видом исходного материала, формой и величиной поперечного сечения, технологическии способом переработки и т. д., ярко проявляются.

On the Determination of Bending Stiffness and Elasticity of Fibrous Materials, Textiles, and Foils with a New Device

The method of determination and a new device developed for its realisation, equipped with electro-magnetic force indication and automatic recording systems, are described. The amounts of energy consumed in bending and removing the sample to the intial position serve as a measure of bending properties. From these amounts of energy and their correlations, conclusions are drawn to the values of stiffness and elasticity as well as to the destructions occuring in the samples. The mode of operation is explained by experiments on fibrous materials, bristles, and textiles. The variations connected with differences in raw materials, shape and size of cross section, technological processing among others becomes thereby destinctively visible.

1 Das Meßverfahren

Das Prinzip des Verfahrens zur Bestimmung der Biege-Steifigkeit und -Elastizität sei an Bild 1 dargestellt. Der bei B fest eingespannte Prüfling A wird durch die senkrecht auf A wirkende Kraft P gebogen, wobei sich die Kraft P auf dem Wege a auf einem Kreisbogen bewegt. Die Länge des Weges ist vom Biegewinkel α abhängig. Infolge seiner Steifigkeit setzt der Prüfling — z. B. eine Borste, ein Steifleinen-Streifen oder dergl. — der Kraft einen mit steigender Biegung zunehmenden Widerstand entgegen. Der Verlauf der Kraft P und des Biegewinkels α werden aufgezeichnet. Die Fläche unter der so erhaltenen Kurve stellt die aufgewendete Biegearbeit dar.

Wird die Kraft entfernt, so sucht der Prüfkörper — soweit er ausreichend biegeelastisch ist — seine Ausgangslage wieder einzunehmen. Die dabei zurückgegebene Arbeit wird in gleicher Weise als Kurvenfläche dargestellt. Das Verhältnis der beiden Flächen kann als Maß für die Biegeelastizität herangezogen werden. Darüber hinaus kann auf gleiche Weise diejenige Arbeit aufgezeichnet werden, die zusätzlich aufzuwenden ist, um den Prüfling wieder in die Ausgangslage zurückzubringen.

[1]) Auszug aus der Dissertation von Dr.-Ing. *Heinz Hesse †*. Das Thema: „Über die Biegesteifigkeit und Biegeelastizität von Faserstoffen einschließlich Monofilen, Folien und dergl." wurde im Institut für Textiltechnik der Technischen Universität Dresden bearbeitet; die Ausarbeitung ist 1958 als Dissertation eingereicht worden: Referenten: Prof. Dr.-Ing. *W. Frenzel* und *Prof.* Dr.-Ing. habil. *W. Bobeth*.

Das Verfahren wurde nun derart ausgestaltet, daß der der Biegung unterworfene Schenkel des Prüflings um 180° gebogen wird, daß also ein gerader Prüfling durch Biegen zusammengefaltet werden kann. Die am Hebelarm r senkrecht auf den Prüfling wirkende Kraft P, Bild 2, kann entweder am Angriffspunkt an dem Schenkel $c—b$, der gebogen wird, gemessen werden oder am eingespannten, ruhenden Schenkel $a—c$. Bei dem konstruierten Gerät wird die zum Biegen aufgewendete Kraft am eingespannten Schenkel gemessen.

Beobachtet man den Vorgang beim Biegen oder Falten bei verschiedenen Materialien, so erkennt man, daß es nicht gleichgültig ist, um welchen Radius ein Prüfkörper gebogen wird. Um Vergleiche anstellen zu können, ist ein Biegeradius anzuwenden, der zum Durchmesser oder zur Dicke des Prüfkörpers in einem bestimmten Verhältnis steht. Die *Bedeutung des Biegeradius* ist aus Bild 3 zu ersehen. Bei der Darstellung „I" kann man noch von einer Biegung um den Stab

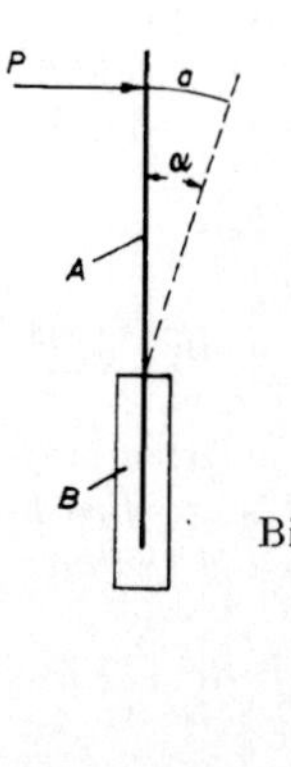

Bild 1. Biegung eines eingespannten stabförmigen Körpers

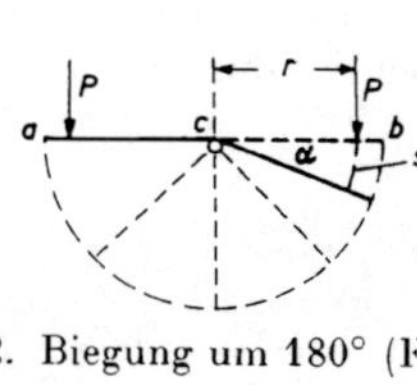

Bild 2. Biegung um 180° (Faltung)

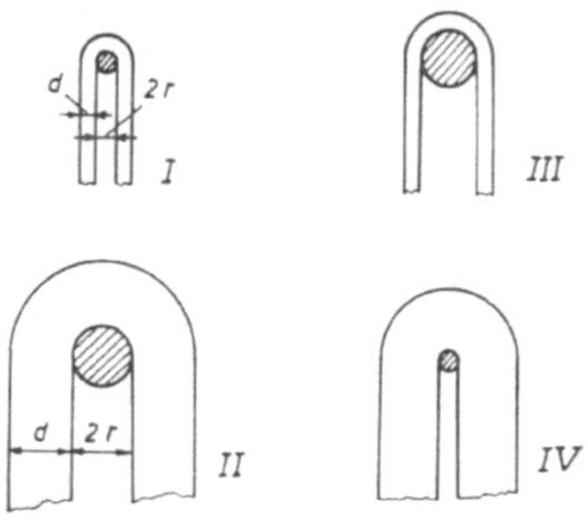

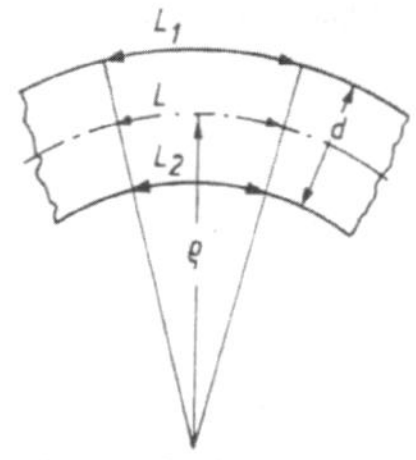

Bild 4. Dehnungsbeanspruchung beim Biegen

Bild 3. Verhältnis von Dicke des Prüflings und Biegeradius

mit kleinem Durchmesser sprechen, während es sich im Falle „IV" schon nahezu um eine Faltung handelt. Im Falle „III" wird die gebogene Stelle nicht so stark beansprucht wie bei „II". Um der Biegeprüfung einheitliche Dehnungsverhältnisse zugrunde zu legen, soll der Radius, um den der Prüfling gebogen wird, gleich der Dicke sein: $\varrho = d$, Bild 4.

Bei der Biegung nach Bild 4 wird der Prüfling auf der nach außen gekrümmten Seite gedehnt, auf der nach innen gekrümmten Seite zusammengedrückt. Die Grenzfläche zwischen diesen beiden Bereichen, die „neutrale Zone", erfährt keine Längenänderung. Diese neutrale Faserschicht geht nicht in allen Fällen durch die geometrische Mitte des Querschnitts, sondern sie verlagert sich häufig in Richtung des Krümmungsmittelpunktes. *Elöd* konnte dieses Verhalten beim Biegen von Cellulosefasern auf mikroskopischem Wege nachweisen [1]; hiernach ist die neutrale Schicht in einer Entfernung von etwa zwei Drittel der Faserdicke von der äußersten gedehnten Schicht entfernt. Bemerkenswert ist es, daß der untersuchte Faserstoff die beim Biegen auftretende Dehnung von z. B. 50% aushält, ohne zu brechen. Als Erklärung dafür, daß die durch Biegen hervorgerufene Dehnung wesentlich höhere Werte erreicht als die durch Zug erzeugte, könnte gelten, daß nach *Matthes* und *Kevorkian* [13] die am meisten beanspruchten Stellen durch ihre Umgebung eine gewisse Stützwirkung erfahren.

Bei diesen Betrachtungen darf auch nicht übersehen werden, daß der Querschnitt des Prüfkörpers sich beim Biegen verändert. Nach Bild 5 treten in den äußeren Schichten Zugkräfte auf, die durch eine Resultierende R_1 ersetzt werden können, die in Richtung des Krümmungsmittelpunktes wirkt. Ferner tritt noch eine weitere Resultierende R_2 auf, die aus den in der Druckschicht wirkenden Kräfte hervorgeht. Beide Resultierenden verursachen eine Veränderung des Querschnitts, wobei z. B. eine Kreisfläche in eine ovale übergeht. Infolgedessen wird die Dicke des Materials, der Biegeradius und damit auch die durch die Biegung verursachte Dehnung kleiner. Trotzdem erreicht sie einen größeren Grad als beim Zugversuch, und zwar

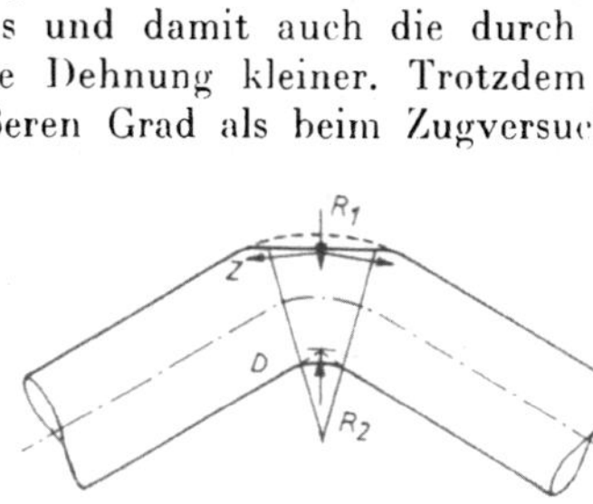

Bild 5. Querschnittsänderung während des Biegens

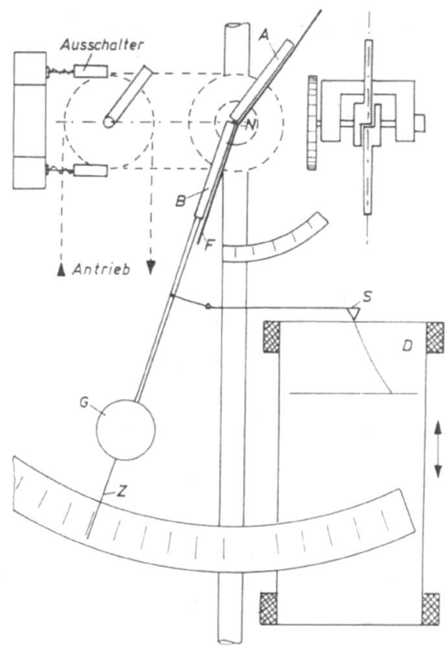

Bild 6. Biegeprüfgerät mit mechanischer Anzeige (nach *Frenzel—Hahn*)

aus dem Grunde, weil die Schichten, die entweder Zug- oder Druckkräften ausgesetzt sind, sich nicht symmetrisch auf den Querschnitt verteilen.

2 *Das Meßgerät*

Das Prinzip und die Arbeitsweise des neuen Geräts, das von den Verfassern entwickelt wurde, sind aus Bild 6 zu ersehen. Hier erfolgt die Kraftanzeige durch eine Neigungswaage. Die auf Biegung zu prüfende Probe, z. B. eine Borste, ein Gewebe- oder Papierstreifen, wird in der Einspannvorrichtung A so befestigt, daß der freie Schenkel der Borste oder des Gewebestreifens an dem Hebel der Neigungswaage bei B anliegt. Dieser Hebel, der unten das Gewicht *G* trägt, läuft in den Zeiger Z aus, der sich über der geeichten Skala bewegt. Am Gewichtshebel ist seitlich die Schreibfeder S angeordnet, die den Verlauf der Biegekraft während des Biegeversuchs auf das Diagrammpapier D aufzeichnet.

Mit dem Drehen des Einspannhebels A wird gleichzeitig der Diagrammpapier-Vorschub betätigt, der auch rückläufig wirkt, wenn der Einspannhebel zurückgedreht wird. Der Papiervorschub entspricht somit dem jeweils zugehörigen Drehwinkel von A. Auch am Einspannhebel A ist ein Zeiger angebracht, der auf einer in Winkelgraden eingeteilten Skala den Winkel anzeigt, um den die Einspannvorrichtung gedreht und damit der Borstenschenkel gebogen worden ist.

Wenn eine Drehung von 180° erfolgt ist, wird das Gerät automatisch ausgeschaltet. Auch wenn die Zurückdrehung des Hebels A auf die Null- oder Ausgangsstellung eingetreten ist, schaltet sich die Prüfanlage selbsttätig aus. Es kann aber auch jeder andere beliebige Drehwinkel zwischen 0 und 180° eingestellt werden.

Die Borste wird also durch die Drehung des Hebels A im Uhrzeigersinn scharnierartig um die Drehachse N, die zugleich Biegeachse ist, gebogen. Der Schenkel B beginnt dadurch ebenfalls, sich um N zu drehen, wodurch das Gewicht G gehoben wird, d. h. die auf den Schenkel B wirkende Kraft wird von der geeichten Skala angezeigt. Nach einer Drehung von A um 180° wird die höchste Biegekraft angezeigt; es ist diejenige Kraft, die aufzuwenden ist, um den Prüfling um 180° zu biegen.

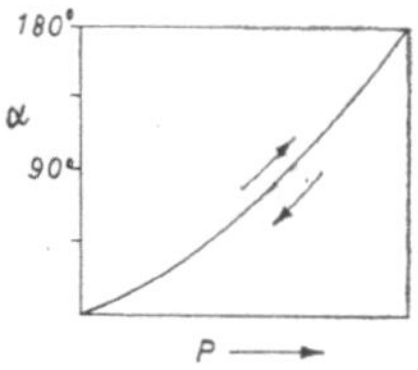

Bild 7. Diagrammform des vollkommen biegeelastischen Körpers

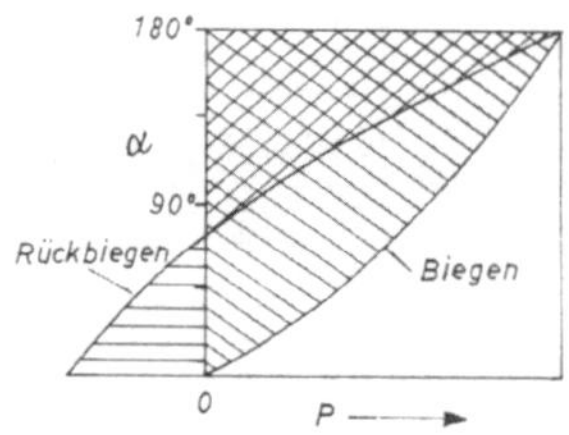

Bild 8. Diagrammform des nicht rein biegeelastischen Körpers

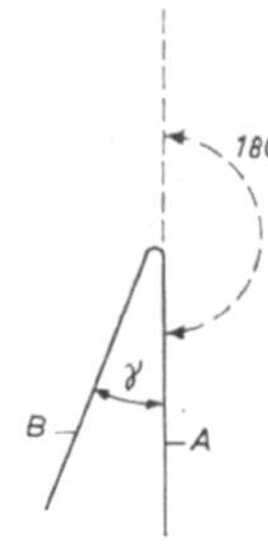

Bild 9. Vorgang beim Biegen um 180°

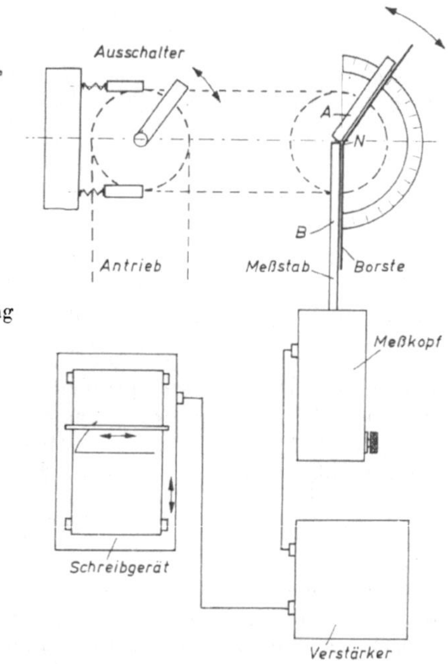

Bild 10. Biegeprüfgerät mit elektroinduktiver Anzeige (nach *Frenzel—Hahn*)

Wird jetzt A dem Uhrzeigersinn entgegengedreht, so geht auch der Schenkel B mit dem Zeiger wieder zurück. Wenn der Prüfling, z. B. die Borste, vollkommen elastisch wäre, würde der Zeiger Z im gleichen Augenblick seine Nullstellung erreichen wie der Schenkel A. Das durch diesen Vorgang aufgezeichnete Diagramm würde dann die in Bild 7 dargestellte Form haben. Der beim Biegen aufgezeichnete Kurvenzug deckt sich mit demjenigen, der beim Rückbiegen aufgezeichnet wurde. Wenn der Prüfkörper nicht rein elastisch, also teilweise plastisch ist, so erreicht der Zeiger Z auf der Skala seine Nullstellung früher als der Schenkel A den Winkel Null. Beim weiteren Zurückbiegen von A schlägt der Zeiger sogar nach der anderen Seite der Skala aus und zeigt die Kräfte an, die aufzubringen sind, um die Borste wieder geradezubiegen. In diesem Falle hat das aufgezeichnete Diagramm den Verlauf des Bildes 8. Mit Hilfe des Planimeters können die Flächeninhalte unter den Kurven des Kraftverlaufs ermittelt werden. Der Weg der Kraft wird im Bogenmaß des Biegewinkels angegeben, so daß die Kurvenfläche die Biegearbeit darstellt. Das Verhältnis der aufgewendeten zur rückgewonnenen Arbeit stellt dann die Größe der Biegeelastizität dar.

Bei den Versuchen mit dem Funktionsmuster dieses Geräts stellte sich nun heraus, daß — je nach der Größe der Biegesteifigkeit der Borste oder eines anderen biegesteifen Prüflings — die beiden Schenkel in keinem Falle bis zur parallelen Lage zusammengebogen werden können, obwohl dem Schenkel A eine Biegung von 180° erteilt wird. Die Ursache dafür liegt darin, daß der Schenkel B, Bild 9, ausweicht und mit dem Schenkel A den Winkel γ bildet. Dieser Winkel ist aber nicht nur für jedes Material verschieden, sondern auch für verschiedene Dicken des gleichen Materials. Der Biegewinkel setzt sich also zusammen aus dem Winkel, der auf der Skala (Bild 6) angezeigt wird, und dem jeweiligen Winkel γ. Soll die Prüfung bis zur parallelen Lage der Schenkel durchgeführt werden, so müßte der Schenkel A um mehr als 180° gebogen werden.

Der Winkel γ stellt zweifellos ein Charakteristikum für ein bestimmtes Material dar; er könnte zur Grundlage eines Bestimmungsverfahrens herangezogen werden. Die Verfasser zogen es indessen vor, das entwickelte Gerät dadurch zu vervollkommnen, daß sie zur weglosen elektroinduktiven Messung und Anzeige der beim Biegen aufgewendeten Kraft übergingen. Ein solchermaßen eingerichtetes Gerät wurde vom Mitverfasser *Guido Hahn* gebaut. Die Arbeitsweise ist aus der Darstellung des Bildes 10 zu ersehen. Der Schenkel A des Prüflings wird in der gleichen Weise gebogen wie bei dem vorher beschriebenen mechanischen Verfahren. Der untere Schenkel B liegt jedoch nicht an dem Gewichtsarm einer Neigungswaage, sondern an einem Meßstab an, der die aufgewendete Biegekraft aufnimmt. Die auf den Meßstab wirkende Biegekraft verändert die Größe von Luftspalten im elektromagnetischen Feld, wodurch wiederum in Brückenschaltung abgegriffene Induktionsströme ein Galvanometer zum Ausschlag bringen. Die Größe des auf den Meßstab wirkenden Drucks, mit dem der Prüfling gebogen wird, wird durch das zugehörige Schreibgerät registriert.

Auf diese Weise wird erreicht, daß — im Gegensatz zur mechanischen Arbeitsweise — der untere am Meßstab anliegende Schenkel des Prüflings praktisch in Ruhe bleibt. Der Meßstab selbst ist ein federnder Eisenflachstab, der fest in den Meßkopf eingespannt ist. Es werden mehrere Meßstäbe für verschieden große Druckbereiche bereitgehalten, so daß man mit dem Gerät sowohl kleine als auch große Biegekräfte durch einfaches Auswechseln der Meßstäbe messen und somit die Biegesteifigkeit der verschiedenen Materialien ermitteln kann.

Auf den Aufbau und die Arbeitsweise des Eltrasmeßkopfs soll hier nicht eingegangen werden, da dieses Meßverfahren in der Meßtechnik wiederholt Anwendung gefunden hat [6, 12].

3 *Die vom Schreibgerät aufgezeichneten Diagramme*

Bevor die quantitative Auswertung der Diagramme behandelt wird, seien die Kurvenbilder von einigen Prüflingen, die besonders charakteristische Merkmale enthalten, gezeigt. Der Maßstab auf der Horizontalen stellt die Drücke dar, die durch Eichung des Meßstabs gefunden wurden. Die vertikale Skala entspricht der Biegung des oberen Schenkels um 180°. Der Kurvenzug stellt die Biegung des Prüflings um 180° und die Zurückbiegung im Gegenuhrzeigersinn auf 0° dar. Der untere Ast der Kurve wird bei der Biegung, der obere bei der Rückbiegung aufgezeichnet.

PeCeU-Borste, 1,0 mm Durchmesser, Bild 11: Um den Borstenschenkel um 180° zu biegen, ist eine Kraft von rd. 140 p erforderlich (unterer Kurvenast α). Der obere Teil des Kurvenastes α entsteht beim Rückbiegen auf die Ausgangsstellung 0°. Bei einer Rückbiegung von 180° auf rd. 60° wird die Kraft Null erreicht, d. h. beim Rückbiegen um rd. 120° werden die aufgewendeten 140 p wieder zurückgegeben. Um die Borste wieder völlig geradezubiegen, muß eine Kraft von rd. 24 p aufgewendet werden. Die Kurve läuft in den negativen Teil der Koordinaten. Aus der Kurven-

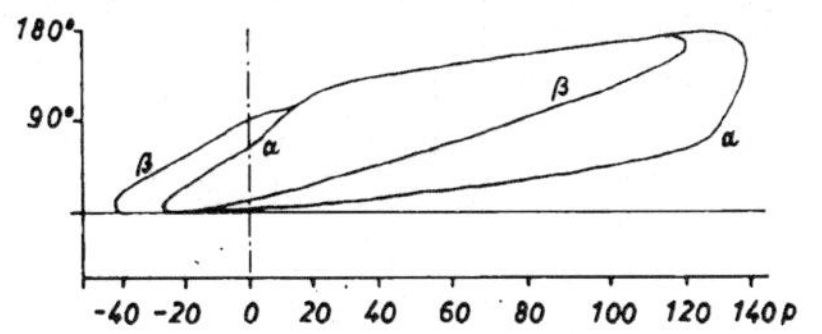

Bild 11. PeCeU-Borste, 1 mm Durchmesser, zweimal um 180° gebogen

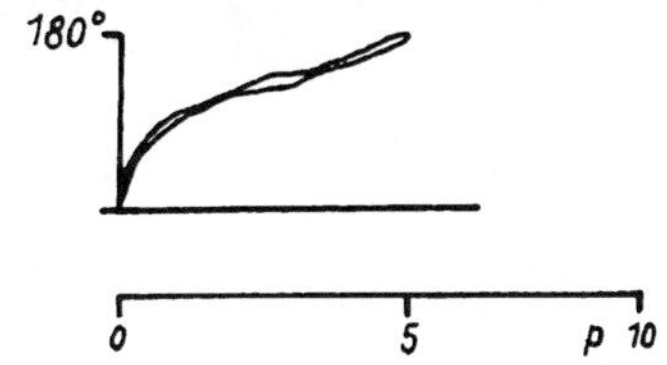

Bild 14. Perfol-Folie

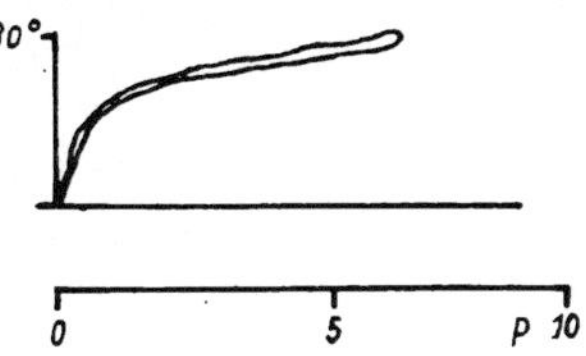

Bild 15. Wollgewebe

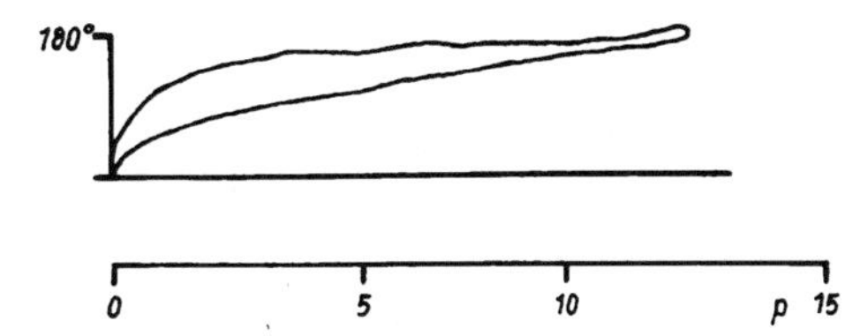

Bild 16. Steifleinen

schleife α ist schon rein visuell zu folgern, daß die Borste nicht sehr biegeelastisch ist, daß sie sich leicht deformieren läßt.

Diese bereits einmal gebogene Borste wird anschließend an derselben Stelle nochmals um 180° in derselben Weise gebogen. Dabei wird der Kurvenzug β aufgezeichnet, der sich von dem Verlauf α unterscheidet; der Kraftaufwand muß jetzt von — 24 p an gerechnet werden und beträgt für die Biegung um 180° also 24 + 120 = 144 p. Die Kurve der Kraft steigt auch steiler an, und es ist anzunehmen, daß die vorangegangene Biegung zu einer Verfestigung des Materials geführt hat. Die aufgewendeten 144 p werden also beim Rückbiegen nicht so schnell wieder freigegeben, sondern erst bei 90°, so daß eine zusätzliche Kraft nur noch für 180 — 90 = 90° Rückbiegung aufzuwenden ist. Diese zusätzliche Kraft beträgt 10 p. Durch einmaliges Biegen der Borste ist auch eine Steigerung der Biegeelastizität eingetreten, denn die Kurvenschleife β der zweiten Biegung ist bedeutend kleiner als die Kurvenschleife α der ersten Biegung.

PeCeU-Borste, 0,8 mm Durchmesser, Bild 12: Hier macht sich der Einfluß des Durchmessers des Prüflings geltend.

Die Bilder 13a bis c zeigen *Perlon-Borsten* mit den Durchmessern von 0,5, 0,4 und 0,35 mm Durchmesser. Perlon hat im Vergleich zu PeCeU eine hohe Biegeelastizität, was in der kleinen Kurvenschleife zum Ausdruck kommt. Für das Rückbiegen auf die Nullstellung 0° ist keine Kraft aufzuwenden.

Es seien noch die Diagramme von einigen flächenartigen Prüflingen wiedergegeben:

Das Diagramm einer *Perfolfolie*, 10 mm breit, stellt eine sehr kleine Kurvenschleife dar. Das Material ist praktisch rein elastisch. Nach der Biegung ist die Faltstelle nicht erkennbar, Bild 14.

Das Bild der Kurvenschleife von *Schafwollgewebe*, 10 mm breit, Bild 15, zeigt ebenfalls ein fast rein biegeelastisches Material an. Auch hier ist nach der Biegung keine Faltstelle am Probestreifen zu erkennen. *Steifleinen*, 10 mm breit, ist, wie die Kurvenschleife im Bild 16 zeigt, nicht so elastisch wie Wollgewebe.

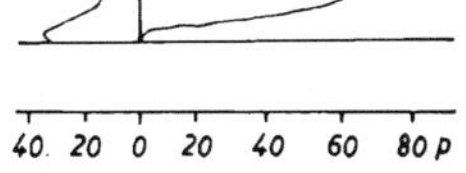

Bild 12. PeCeU-Borste, 0,8 mm Durchmesser

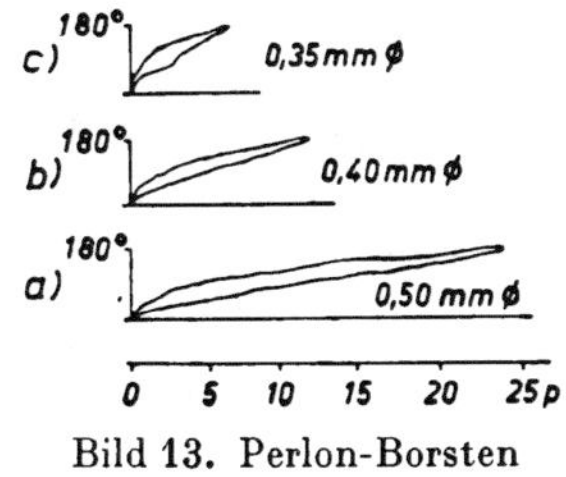

Bild 13. Perlon-Borsten

5 *Weitere Ausgestaltung des Geräts*

Untersuchungen, die mit der Eichung des Meßstabs, mit der Entfernung des Angriffspunkts der Kraft vom Biegepunkt, mit der Auflagelänge des Prüflings u. a. zusammenhängen, führten dazu, den Meßstab um 90° zu drehen, so daß der Prüfling, z. B. eine Borste, nicht mehr parallel, sondern quer zur Stabebene aufliegt, wie in Bild 17 gezeigt.

Um hinsichtlich des *Biegeradius* und der bei der Biegung auftretenden Dehnungen bei verschiedenem Prüfmaterial vergleichbare Bedingungen zu schaffen, wurde nun der obere Schenkel um die Kante einer auswechselbaren Abdeckplatte gebogen, deren Dicke dem jeweils erforderlichen Biegeradius entspricht. Der Prüfling ist auf diese Weise gezwungen, den vorgeschriebenen Biegeradius anzunehmen.

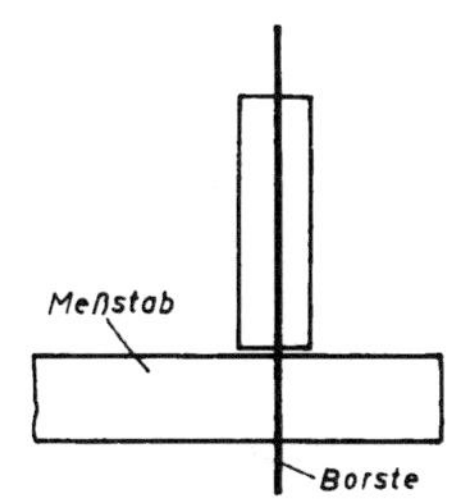

Bild 17. Anordnung von Meßstab und Prüfling

Ferner wurden stärkere Meßstäbe und ein neuer Verstärker verwendet, um die Empfindlichkeit der Anzeige zu steigern. Die Arbeitsweise des so veränderten Apparats ist im Bild 18 schematisch dargestellt. Der Antrieb erfolgt durch einen Gleichstrommotor für Rechts- und Links-Lauf, der automatisch ausgeschaltet wird, wenn bei der Hinbiegung der Winkel von 180° und bei der Rückbiegung wieder der Winkel 0° erreicht wird. Damit beim Erreichen der markanten Stellungen ein Stillstand erfolgt, sind die Biegevorrichtung und der Papiervorschub über Rutschkupplungen angeschlossen, die durch einstellbare Anschläge betätigt werden. Es wurde eine Prüfgeschwindigkeit von je 10 s für die Hin- und Rückbiegung gewählt, um den Einfluß der Relaxation möglichst auszuschalten. In der Praxis sind die Prüfkörper Biegungen ausgesetzt, die meist in noch kürzeren Zeiträumen vor sich gehen. Der Papiervorschub des Diagrammschreibers beträgt 30 mm für eine Biegung um 180°.

Die Biegeelemente sind im Bild 19 besonders dargestellt: Der Prüfling wird mit Hilfe der Platte P, die durch die Schraube S verstellt werden kann, an die Abdeckplatte A des oberen Biegeelements E leicht angedrückt. Das untere Ende des Prüflings liegt lose an

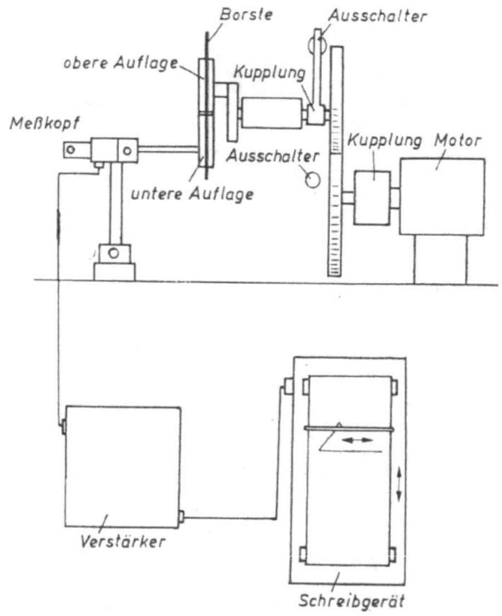

Bild 18. Schematische Darstellung des Biegeprüfgeräts mit elektroinduktiver Messung

dem Auflagestück B des Maßstabs M an. Bei der Biegung übt dieses untere Ende des Prüflings Druck auf das Auflagestück B aus. Bei der Rückbiegung läßt der Druck nach. Hierbei liegt der Prüfling nun so lange an diesem Auflagestück B an, als die durch die Hinbiegung aufgespeicherte Energie im Prüfling ausreicht, um den ursprünglichen gestreckten Formzustand wieder anzustreben. Reicht die Energie hierzu nicht aus, so muß für die Rückbiegung weitere Energie von außen zugeführt werden. Das bedeutet, daß der Prüfling jetzt an der Abdeckplatte C des Auflagestücks B anliegt und in entgegengesetzter Richtung auf den Meßstab drückt, so daß am Diagrammschreiber negative Kräfte angezeigt werden.

Die untere Kante R der oberen auswechselbaren Abdeckplatte A, Bild 19, hat die Form einer Rundung, die dem Prüfling beim Biegen den gewünschten Biegeradius aufzwingt. Nach der Dicke oder Stärke des Prüflings richtet sich die Stärke der jeweils einzusetzenden Abdeckplatte A. Da der Prüfling senkrecht eingespannt wird, kann die Messung nicht durch sein Eigengewicht beeinträchtigt werden.

Für Prüflinge mit rundem Querschnitt sind leichte Nuten in der Platte P und im unteren Einlagestück angebracht, so daß der Prüfling beim Biegen senkrecht in der Biegeebene verbleibt. Auch die Platte P ist je nach Materialdurchmesser austauschbar gegen solche mit anderer Nutentiefe. Ebenso werden — der Materialstärke angepaßt — entsprechende Einlagen mit passenden Nuten in das untere Auflagestück B eingesetzt. Der Abstand zwischen oberem Biegeelement E und unterem Auflagestück B beträgt 0,4 mm. Die Breite der Auflageflächen an den Biegeelementen beträgt 12 mm; sie ist für flächenförmige Prüfkörper von 10 mm Breite gedacht. Auch hier finden entsprechend starke Andrückplatten Verwendung.

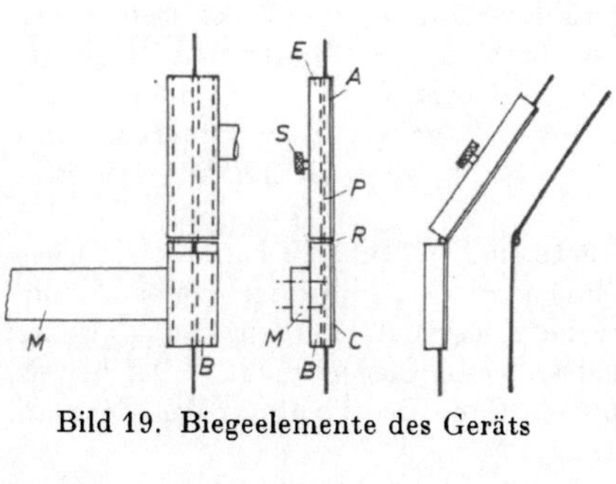

Bild 19. Biegeelemente des Geräts

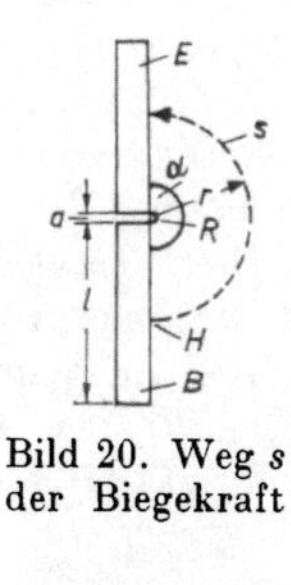

Bild 20. Weg s der Biegekraft

6 Die Größe des Kraftwegs

Bei Festlegung des Biegeweges wird davon ausgegangen, daß die Resultierende der im unteren Schenkel wirkenden Biegekräfte in der Mitte des unteren Auflagestücks angreift. In der Annahme, daß sich bei der Biegung das Auflagestück B kreisförmig um die Biegekante R der oberen Abdeckplatte bewegt, muß sich der Angriffspunkt H der Resultierenden auf einer Halbkreisbahn bewegen, deren Radius

$$r = \frac{1}{2} l + a$$

ist, Bild 20. Die Länge der Halbkreisbahn ist:

$$s = \left(\frac{1}{2} \cdot l + a\right).$$

Mit den Abmessungen $1 = 2{,}50$ cm und $a = 0{,}04$ cm ergibt sich für den Weg der biegenden Kraft $s = 4{,}05$ cm. Um die Biegung auszuführen, muß die resultierende Biegekraft somit einen Weg von rd. 4 cm zurücklegen. Dieser Weg bleibt für sämtliche Versuche konstant. Der Wert für $s = 4$ cm ergibt runde Zahlen auch für den jeweiligen Biegewinkel α, und zwar für

$$\alpha = 180°;\ s = 4 \text{ cm},$$
$$90°;\ s = 2 \text{ ,, },$$
$$45°;\ s = 1 \text{ ,, }.$$

Die Biegekraft, die vom Anzeigegerät registriert wird, gilt nur für die bestimmte verwendete Auflagelänge l. Die Biegearbeit A wird durch Ausplanimetrieren der Diagrammfläche erhalten. Wenn die untere Auflagelänge vergrößert wird, so wird damit gleichzeitig der Radius r vergrößert, d. h. auch der Weg s wird größer; aber gleichzeitig wird die resultierende Biegekraft entsprechend kleiner, da der Angriffspunkt weiter entfernt ist. Die aufgewendete Biegearbeit in cmp ist jedoch dieselbe.

7 Auswertung der Diagramme

Die Biegearbeit wird durch ein Diagramm aufgezeichnet, das die in Bild 21 schematisch dargestellte Gestalt hat. Mit zunehmender Größe des Biegewinkels steigt die Biegekraft — je nach der Art des geprüften Materials — mehr oder weniger steil an. Die Arbeit, die zum Biegen aufzuwenden ist, wird durch die Fläche dargestellt, die sich über dem Winkelmaßstab befindet und durch den Kurvenzug der Kraft begrenzt wird. Da die Aufzeichnung bei dem verwendeten Verstärkersatz nicht linear erfolgt, so müssen die Diagramme vor dem Ausplanimetrieren entzerrt werden. Die Flächen der entzerrten Diagramme entsprechen dann der effektiven Biegearbeit. Auf diese Weise wird die Biegearbeit für das Hinbiegen und die für das Rückbiegen ermittelt. Die Biegearbeit für das Hinbiegen ist zugleich ein Maß für die Biegesteifigkeit des Prüflings; sie stellt aber nicht die

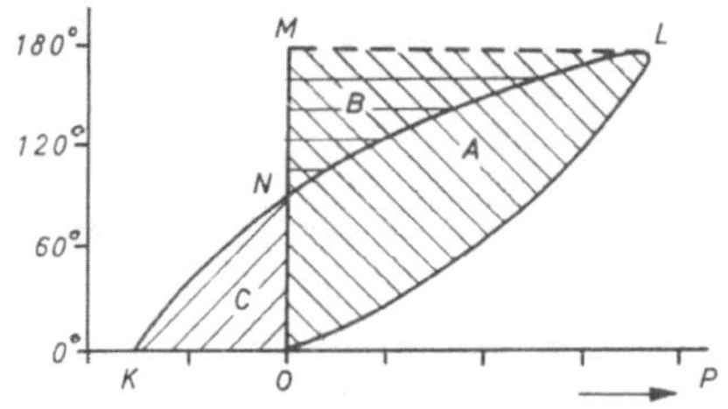

Bild 21. Biege-Arbeits-Diagramm

Biegesteifigkeit selbst dar. Im gleichen Sinne ist auch die einfache Biegekraft ein solches Maß für die Biegesteifigkeit; sie kann dem unentzerrten Diagramm entnommen werden.

Verfolgt man den Biegevorgang an Hand des aufgezeichneten Diagramms des Bildes 21, so wird die Gesamtarbeit für die Hinbiegung um 180° durch die mit A bezeichnete Fläche OLMO dargestellt. Diese Arbeit ist aufzuwenden: 1. für die durch das Biegen verursachte Formänderung, 2. für die Materialzerstörung und 3. für die damit verbundene Temperaturerhöhung. Auch für die Rückbiegung ist Arbeit aufzuwenden, die z. T. aus dem biegeelastischen Verhalten des Prüflings gedeckt wird, z. T. zusätzlich aufzuwenden ist, wenn der Prüfling seine ursprüngliche, gestreckte Form nicht von selbst wieder erreicht. Die Rückbiegearbeit D setzt sich somit zusammen aus der elastischen Formveränderungsarbeit B, die durch die Fläche LNML dargestellt wird, und der bleibenden Formveränderungsarbeit C, die durch die Fläche NKON gekennzeichnet ist. Es ist also die Rückbiegungsarbeit

$$D = B + C.$$

Die Differenz

$$A - D = A - (B + C)$$

ist der Arbeitsaufwand für Materialzerstörung und Temperaturerhöhung.

Nach obigen Erwägungen sollen bei dem vorliegenden Prüfverfahren nun die auftretenden Arbeitsmengen und deren gegenseitige Beziehungen zur Bestimmung der Biegesteifigkeit und -elastizität herangezogen werden. Daher soll gelten als Maß für die

I. *Biegesteifigkeit* $S_B = A$ [cmp], wobei A = Gesamtarbeit für das Biegen von 0 bis 180° [cmp];

II. *Biegeelastizität* $\varepsilon_B = \frac{B}{A} \cdot 100$ [%], wobei B = elastische (zurückgewonnene) Formveränderungsarbeit;

III. *Materialzerstörungskoeffizient* $M_z = 1 - \frac{B+C}{A}$, wobei C = bleibende Formänderungsarbeit [cmp],

IV. *bleibender Formänderungskoeffizient* $F_b = \frac{C}{A+C}$.

Für das Arbeitsdiagramm sind folgende Sonder- und Grenzfälle zu unterscheiden (siehe Bild 22): Der Koeffizient der Materialzerstörung M_z kann jeden Wert zwischen 0 und 1 annehmen. Bei $M_z = 0$ liegt völlige Elastizität (Fall 1) oder vollkommene Plastizität (Fall 6), bei $M_z = 1$ liegt totale Materialzerstörung vor (Fall 7). Der bleibende Formänderungskoeffizient schwankt zwischen 0 und 0,5. Ist $F_b = 0$ (Fall 1, 2, 7), so ist keine bleibende Formänderung vorhanden. Für

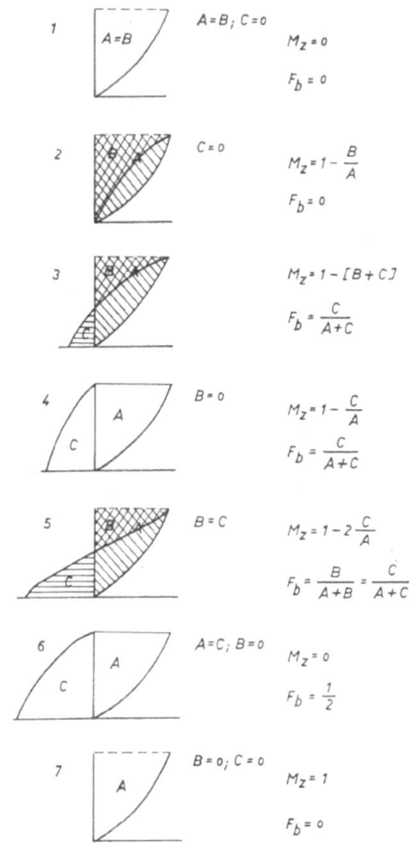

Bild 22. Sonder- und Grenzfälle bei der Biegeprüfung

$F_b = 0{,}5$ (Fall 6) wird die Gesamtarbeit $(A + C)$ je zur Hälfte für das Hin- und Herbiegen verwendet. Das Material ist so plastisch, so teigartig, daß keine Materialzerstörung eintritt. Der Fall $F_b > 0{,}5$ kann nicht eintreten, weil die für die Herbiegung aufzuwendende Arbeit nicht größer sein kann als die für die Hinbiegung. Die Temperaturerhöhung kann vernachlässigt werden.

8 *Die Meßbereiche*

Dem Gerät sind drei verschieden starke Meßstäbe beigegeben. Außerdem kann der Meßbereich für jeden einzelnen Meßstab in drei Stufen unterteilt werden:

I (dünn)	für Messungen zwischen	0	und	50 p,
II (mittel)	,, ,, ,,	0	,,	400 p,
III (stark)	,, ,, ,,	0	,,	500 p.

Bild 23 zeigt für jeden der Meßstäbe, wie durch das Umschalten auf die nächste Stufe das Diagramm auseinandergezogen wird, wodurch eine Verfeinerung der Messung eintritt. Der Vorteil gegenüber den bisherigen Ausführungen des Verstärkers liegt darin: man braucht die Meßstäbe nicht so oft auszuwechseln. Ein weiterer Vorteil hängt mit folgendem Umstand zusammen: Die Kraftanzeige kommt dadurch zustande, daß der Meßstab um einen geringen Betrag aus seiner Nullstellung gebracht wird. Da aber Wert darauf gelegt werden muß, daß diese Abweichung aus der Ruhelage möglichst gering, praktisch Null ist, damit die um 180° gebogenen Schenkel parallel zueinander stehen, können für Messungen, bei denen nur kleine Kräfte auftreten, auch die

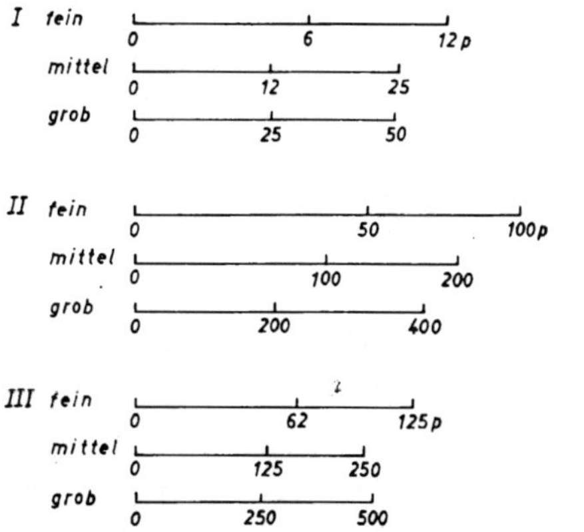

Bild 23. Verfeinerung der Meßbereiche der Meßstäbe

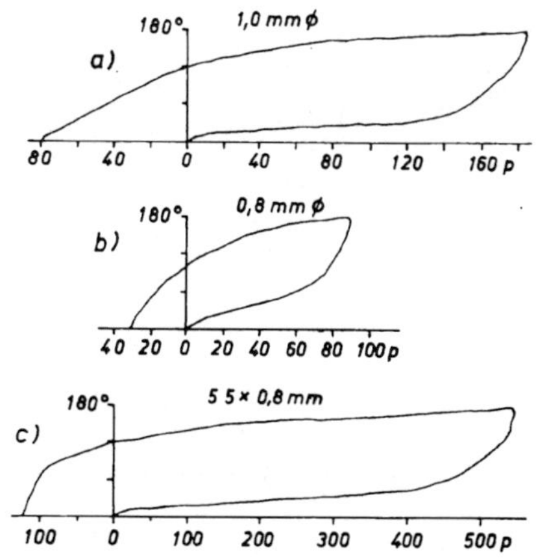

Bild 24. a bis c PeCeU-Borsten und -Flachdraht

stärkeren Meßstäbe verwendet werden. Es wirkt sich überdies noch günstig aus, daß der Meßbereich vergrößert wird, wenn die Meßspulen nahe aneinander gerückt werden, wenn also der Ankerluftspalt klein ist. Dann bewirkt schon eine kaum wahrnehmbare Ankerbewegung einen großen Ausschlag am Anzeigegerät.

9 *Nutzanwendung des Geräts*

Das Gerät ist für Messungen an Prüfobjekten bis zu einer Dicke von 1,0 mm und einer Breite bis zu 10 mm eingerichtet. Es ist grundsätzlich und ohne weiteres möglich, die Biegeeigenschaften auch von stärkeren und breiteren Prüflingen zu untersuchen. Für solche Fälle sind dann andere Meßstäbe und Auflagevorrichtungen zu verwenden.

Das vorliegende Prüfverfahren soll nun mit der Untersuchung einer PeCeU-Borste (Agfa Wolfen) von 1,0 mm Durchmesser vorgeführt werden. Der Diagrammschreiber liefert für Hin- und Rückbiegen eine Kurve, die im entzerrten Zustand den in Bild 24a dargestellten Verlauf hat. Für den auf der Ordinate aufgetragenen Biegewinkel von 180° ergibt sich ein Weg von 4 cm; die Diagrammfläche von 1 cm² entspricht 26,7 cmp. Im Bild 24b ist die entzerrte Kurve für eine Borste von 0,8 mm Durchmesser und im Bild 24c diejenige eines Flachdrahts von 5,5 mal 0,8 mm zu sehen. Die aus den Diagrammen durch Auswerten und Planimetrieren erhaltenen Ergebnisse sind in Tabelle 1 zusammengestellt.

Tabelle 1. Meßwerte für PeCeU-Proben

	Borste		Flachdraht
	1,0 mm ⌀	0,8 mm ⌀	5,5 × 0,8 mm
P_{max} [p]	184	88	540
Diagramm-Fläche A [cmp]	567	270	1620
,, B [cmp]	80	57	307
,, C [cmp]	125	42,6	260
$\varepsilon_B = \frac{B}{A} \cdot 100$ [%]	18,1	20,8	18,9
$M_z = 1 - \frac{B + C}{A}$	0,65	0,63	0,65
$F_b = \frac{C}{A + C}$	0,18	0,14	0,14

Für das Material PeCeU liegt die Biegeelastizität bei etwa 19%, d. h. 19% der zur Hinbiegung benötigten Arbeit werden als elastische Arbeit wieder zurückgegeben. Das PeCeU-Material ist also nicht sehr elastisch. Der Materialzerstörungskoeffizient beträgt 0,65, d. h. 65% der zur Hinbiegung benötigten Arbeit werden verbraucht, um das Material zu zerstören. Wie später noch gezeigt wird, hält dasselbe Borstenmaterial nur etwa 70 bis 100 Doppelbiegungen bis zum Bruch aus. Die Dauerbiegefestigkeit liegt somit niedrig. Der bleibende Formveränderungskoeffizient beträgt 0,15, d. h. 15% der für die Hin- und Herbiegung von außen aufgewendeten Arbeit werden verbraucht, um die Form des Prüflings zu verändern.

Im Bild 25 sind die Diagramme von *Perlon*-Borsten mit den Durchmessern 0,25 — 0,28 — 0,35 — 0,40 — 0,50 mm zusammengestellt. Die Auswertung hatte folgende Ergebnisse:

Biegeelastizität $\varepsilon_B = 83\%$,
Materialzerstörungskoeffizient $M_z = 0{,}16$,
bleibender Formveränderungskoeffizient $F_b = 0{,}01$.

Hier werden 16% der Arbeit für das Hinbiegen zur Materialzerstörung verbraucht und 1% der Gesamtarbeit ist zur Beseitigung der bleibenden Formänderung nötig. Der Unterschied gegenüber dem PeCeU-Material ist deutlich zu erkennen. Das Material PeCeU wird durch Biegen bedeutend rascher zerstört als Perlon.

Die Untersuchung zweier *Polyurethan-Borsten* (Bayer, Leverkusen) mit 0,30 und 0,45 mm Durchmesser, deren Diagramme im Bild 26 wiedergegeben sind, ergab folgende Werte:

$$\varepsilon_B = 62\%, \qquad M_z = 0{,}38, \qquad F_b = 0.$$

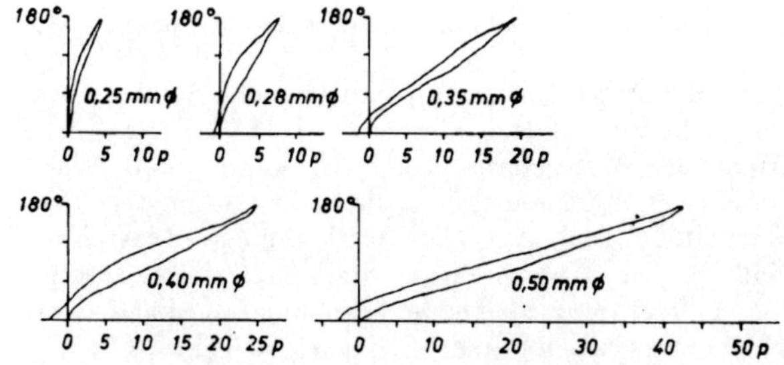

Bild 25. Perlon-Borsten

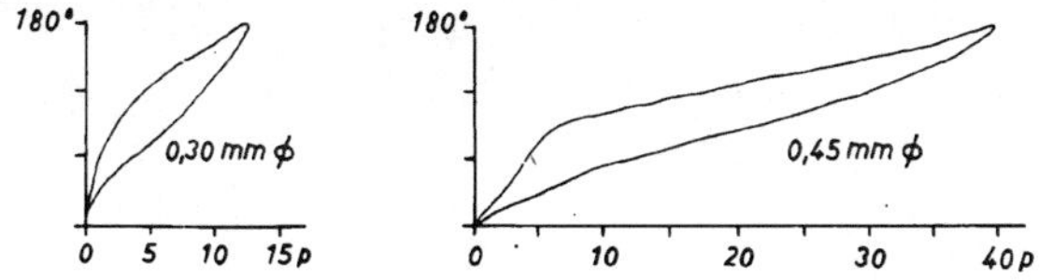

Bild 26. Polyurethan-Borsten

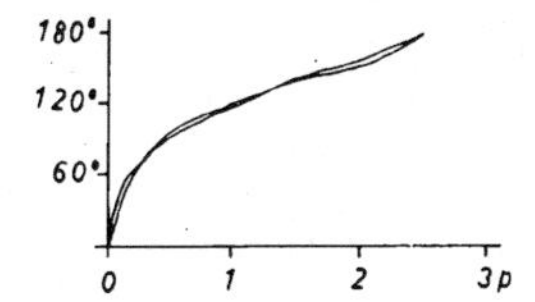

Bild 30. Perfol-Folie

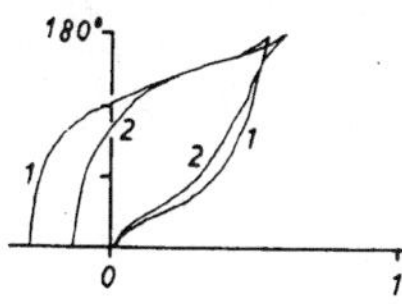

Bild 31. Al-Folie

Der Vergleich zeigt, daß Polyurethan elastischer als PeCeU ist. Der Materialzerstörungskoeffizient liegt zwischen PeCeU und Perlon. Das Material ist rein elastisch, denn der bleibende Formänderungskoeffizient ist Null.

An diesen Beispielen ist der Unterschied zwischen den Begriffen „rein elastisch" und „hochelastisch" erkennbar. Obwohl Perlon eine Elastizität von $\varepsilon_B = 83\%$ aufweist, ist es nicht „rein elastisch", da der bleibende Formänderungskoeffizient $F_b = 0{,}01$ ist. Polyurethan dagegen ist „rein elastisch", da keine zusätzliche Arbeit aufzuwenden ist, um die ursprüngliche Form wieder herzustellen. Polyurethan ist jedoch mit $\varepsilon_B = 62\%$ nicht „hochelastisch".

Ferner wurden verschiedene Gewebearten untersucht. Bild 27 zeigt das Diagramm eines *Roßhaareinlagestoffs*. Die Auswertung ergab für $\varepsilon_B = 84{,}5\%$, $M_z = 0{,}15$, $F_b = 0{,}005$.

Die untersuchten *Filze*, *Vlieseline*-Muster A 40 und A 65, die sich durch zunehmende Dicke unterscheiden, ergaben die in den Bildern 28 und 29 dargestellten Diagramme. Ein charakteristisches Merkmal für Filze ist die Inhomogenität des Materials. Das kommt u. a. auch darin zum Ausdruck, daß für Filze verschiedener Herkunft nicht der gleiche Wert, z. B. der Biegeelastizität, gelten kann. Für die untersuchten Proben ergab sich

	ε_b	M_2
Muster A 40	54%	0,46
„ A 50	59%	0,41
„ A 65	62%	0,38

Je dicker der Filz ist, um so höher ist die Biegeelastizität und um so geringer wird die Zerstörung des Fasergefüges.

Es wurden ferner *Folien* untersucht, und zwar:

	ε_B	M_z	F_b
Perfol-Folie, Bild 30	97%	0,03	—,
Al-Folie, Bild 31			
94% Reinheitsgrad	19%	0,5	0,24,
97,5% Reinheitsgrad	27%	0,4	0,13.

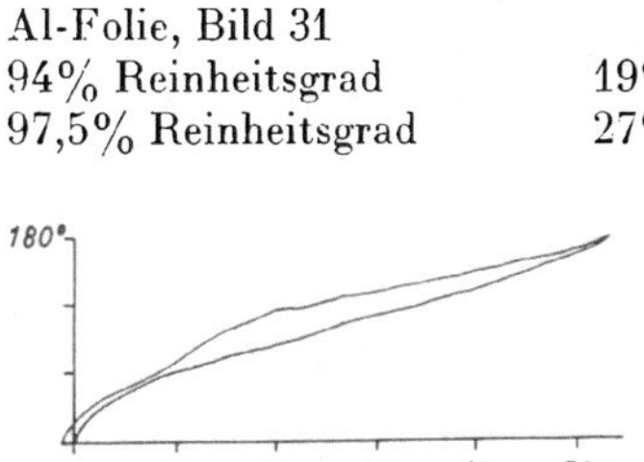

Bild 27. Roßhaar-Einlagestoff

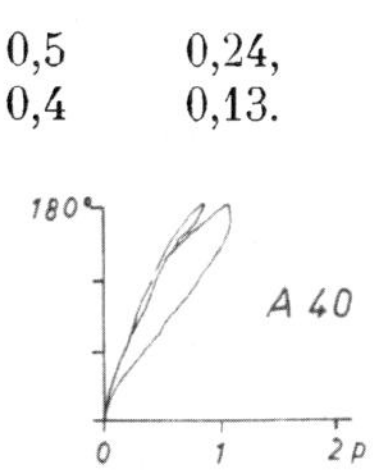

Bild 28. Filz A 40

Bild 29. Filz A 65

Wie das Diagramm und dessen Auswertung zeigt, ist die Perfol-Folie das Beispiel eines praktisch „rein- und hochelastischen" Stoffs ohne praktische Materialzerstörung.

Aus den Untersuchungen ist u. a. zu erkennen, daß zum Biegen mancher Materialien bis zu einem bestimmten Winkel zunächst eine hohe Kraft nötig ist. Von da ab bleibt die Kraft bis zum Endbiegen auf 180° etwa gleich, wie z. B. beim PeCeU-Material. Es tritt hier ein „Fließen" des Materials ein. Andererseits kommt es vor — wie bei Perlon und Perfol — daß das Material bis zu einem bestimmten oft ziemlich großen Winkel zunächst mit einer geringen Kraft gebogen werden kann, dann aber zum weiteren Biegen einen hohen Kraftaufwand erfordert. Da sich die Kräfte zum Biegen desselben Materials laufend ändern, so ist der durch Integration erhaltene Arbeitsaufwand ausschlaggebend.

10 Einfluß der geometrischen Querschnittsform

Die geometrische Form und die Größe des Biegequerschnitts haben wesentlichen Einfluß auf den zum Hinbiegen erforderlichen Arbeitsaufwand. Aus der graphischen Darstellung des Bildes 32 ist z. B. zu ersehen, in welcher Weise die Biegearbeit vom Durchmesser einer Perlonborste abhängig ist. Hier sind die Ergebnisse der Biegeprüfung von Perlonborsten mit den Durchmessern 0,25 — 0,28 — 0,35 — 0,40 — und 0,50 mm Durchmesser aufgezeichnet. Bild 24 zeigt die Diagramme von PeCeU-Borsten mit 1,0 und 0,8 mm Durchmesser. Eine andere PeCeU-Borste von 1,0 mm Durchmesser, bei der an der Biegestelle der Querschnitt auf 0,85 mm mittels einer Flachzange zusammengedrückt wurde, ergab bei der Biege-Prüfung die in Bild 33 wiedergegebenen beiden Diagramme, die sich deutlich voneinander unterscheiden.

Ein Isolierschlauch mit ringförmigem Querschnitt und dem Außendurchmesser von 1,0 mm, der aus einem igelitisierten Gestrick besteht — er wird für Leitungsdraht verwendet — ergibt bei der Biegeprüfung das in Bild 34 gezeigte Diagramm. Bei einem Biegewinkel von rd. 82° beginnt der Schlauch einzuknicken, so daß der Querschnitt nicht mehr ringförmig, sondern flachgedrückt ist. Das äußert sich in der Weise, daß für die Weiterbiegung bis zu 180° eine geringere Kraft ausreicht als vorher. Der Materialzerstörungskoeffizient erreicht mit 0,8 einen ziemlich hohen Grad.

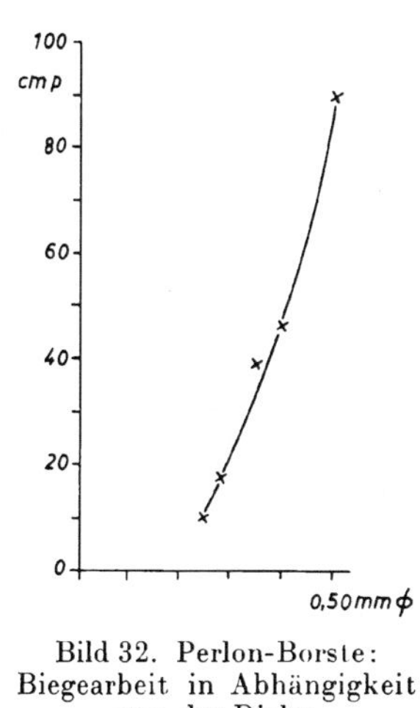

Bild 32. Perlon-Borste: Biegearbeit in Abhängigkeit von der Dicke

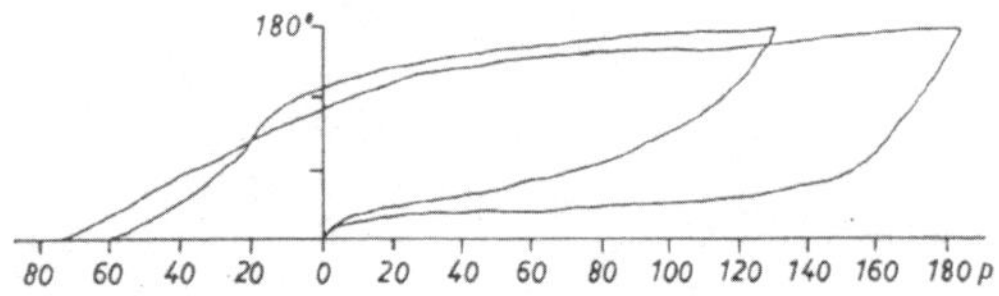

Bild 33. PeCeU-Borste, flach gedrückt

11 *Einfluß der Ermüdung*

Den bisher beschriebenen Untersuchungen lag *eine* einmalige Hin- und Herbiegung zugrunde. Einen weiteren Einblick in die Biegeeigenschaften erhält man, wenn man das Prüfgut wiederholten Biegungen aussetzt, wobei man entweder eine bestimmte Anzahl von Doppelbiegungen oder die Biegeprüfung bis zum Bruch des Materials durchführt.

Es stellte sich heraus, daß — abgesehen von den „hochelastischen" Prüflingen — die Kurve des Verlaufs der Biegekraft der ersten Biegung ganz erheblich von den Kurven, die von der zweiten Biegung ab registriert werden, abweicht. Die Form der ersten Kurve wird bei wiederholtem Biegen in keinem Falle wieder erreicht. Je mehr Biegungen der Prüfling ausgesetzt wird, um so mehr nähern sich die Diagrammlinien einer Grenzkurve, deren Gestalt sich dann bei weiterem Biegen nicht mehr wesentlich ändert. Im Bild 35 ist z. B. das Diagramm dargestellt, das aufgezeichnet wird, wenn die *PeCeU-Borste* von 1,0 mm Durchmesser 20 mal hin- und hergebogen wird. Ähnliche Diagramme ergaben sich für Perlon, Polyurethan, Naturseide, Viskosekunstseide, Kleidertaft aus Viskosekunstseide, Vlieseline, Isolierschlauch (Bild 36), Papier u. a. Welche Veränderung die Kennwerte durch wiederholtes Biegen erfahren, sei am Beispiel des Isolierschlauchs, Bild 36, gezeigt:

	ε_B	M_B	Biegearbeit *A*
1. Biegung	30%	0,7	232 cmp,
2. „	38 „	0,6	91 cmp,
3. „	40 „	0,6	72 cmp,
4. „	41 „	0,6	69,5 cmp.

Hiernach nimmt die Biegeelastizität mit der Anzahl der Biegungen zu. Der Materialzerstörungskoeffizient M_z strebt einem Grenzwert von 0,6 zu. Die Biegearbeit für das Hinbiegen beträgt für die zweite Biegung nur noch 40% derjenigen für die erste Biegung. Von der dritten und vierten Biegung ab nähert sie sich — immer kleiner werdend — ebenfalls einem Grenzwert.

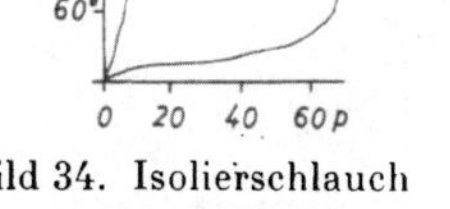

Bild 34. Isolierschlauch

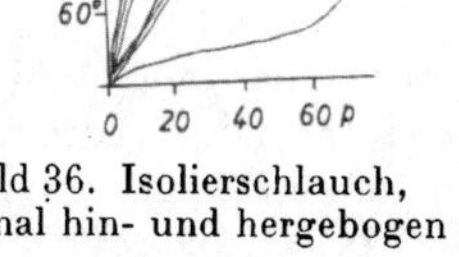

Bild 36. Isolierschlauch, viermal hin- und hergebogen

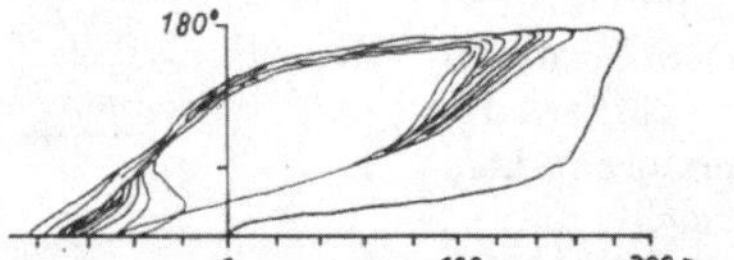

Bild 35. PeCeU-Borste, 20mal hin- und hergebogen

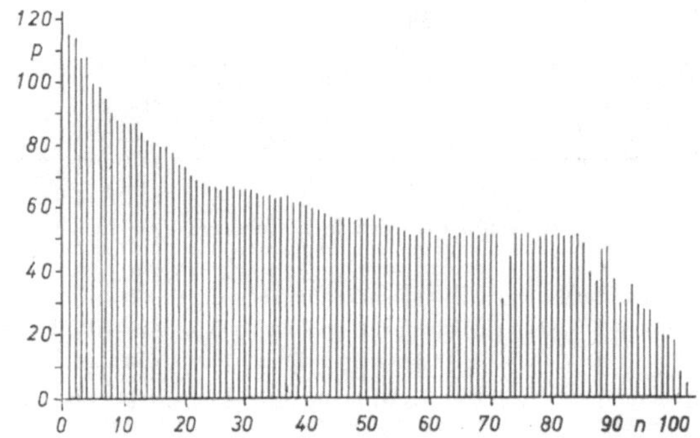

Bild 37. PeCeU-Borste, Ermüdungsprüfung

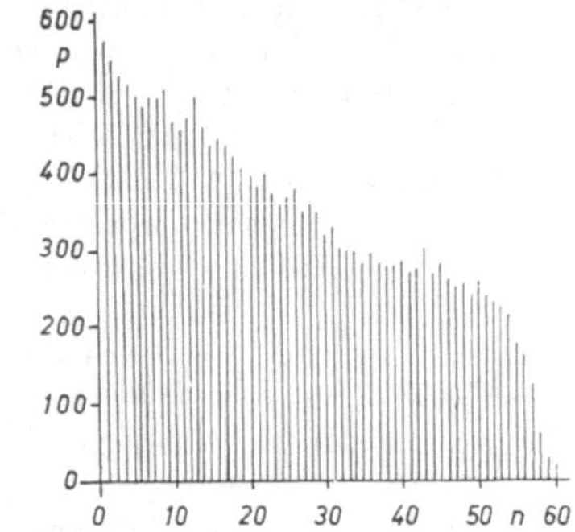

Bild 38. PeCeU-Flachdraht, Ermüdungsprüfung

12 *Biegen bis zum Bruch*

Bei Biegeversuchen, die bis zum Bruch des Materials durchgeführt wurden, ist der Papiervorschub außer Betrieb gesetzt worden; es wurde jeweils die Biegekraft für die Hinbiegung um 180° gemessen und gleichzeitig die Anzahl der bis zum Bruch durchgeführten Biegungen gezählt. Für die Untersuchung wurde *PeCeU-Material* als Borste von 0,8 mm Durchmesser und als Flachdraht 5,5 mal 0,8 mm verwendet. Die Borste, Bild 37, hat 102, der Flachdraht, Bild 38, nur 60 Doppelbiegungen standgehalten. Die graphischen Darstellungen lassen auch die Ermüdung des Materials durch wiederholtes Biegen erkennen. Bei der Borste z. B. nimmt die Biegekraft bis zur 10. Biegung rasch, dann langsamer ab und bleibt bis zur 85. Biegung nahezu gleich; zum Schluß fällt die Biegekraft sehr rasch ab, da die Materialzerstörung so weit fortgeschritten ist, daß nur noch ganz geringe Kräfte nötig sind, um den Bruch vollends herbeizuführen. Für die erste Biegung sind 125 p, für die letzte nur noch 4 p erforderlich.

13 *Einfluß der Relaxation*

Nach der Formänderung durch Biegen nimmt der Prüfling, z. B. Perlon, seine ursprüngliche Form nicht sofort wieder an, sondern er kehrt allmählich in seine Ausgangsstellung zurück. Dieses Verhalten ist in Bild 39 und 40 zu erkennen. Hierbei wurde die Perlon-Borste von 0,5 mm Durchmesser um 180° gebogen und in dieser Form belassen. Der Druck auf die untere Auflagefläche läßt allmählich nach; der innere Spannungszustand der Makromoleküle gleicht sich aus. In den markierten Zeitabschnitten wurde die Kraft abgelesen, mit der die gebogene Borste auf den Maßstab drückt. Im Bild 39 ist dieser Vorgang als Diagramm, in Bild 40 graphisch dargestellt.

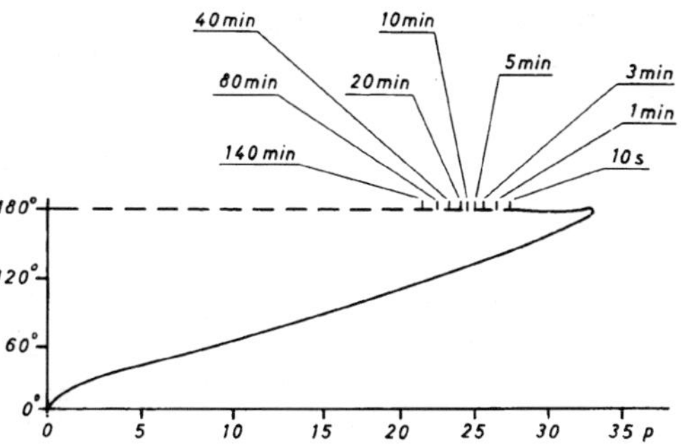

Bild 39. Perlon-Borste, Einfluß der Relaxation

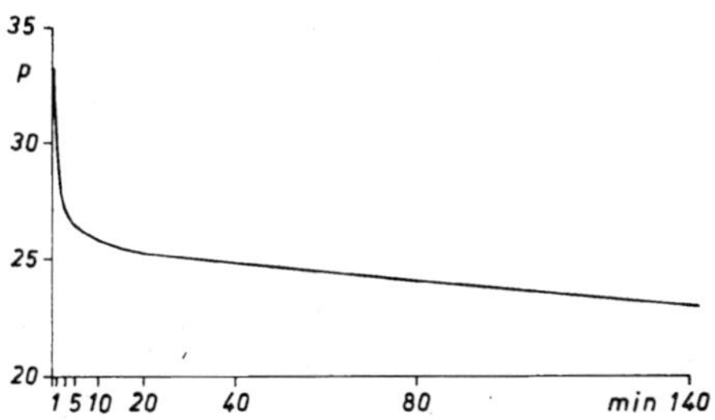

Bild 40. Perlon-Borste, Einfluß der Relaxation, graphisch dargestellt

14 *Einfluß der Technologie der Verarbeitung*

So wie die verschiedenen Materialien oder Rohstoffe beim Biegen ein unterschiedliches Verhalten zeigen, so ergeben sich bei gleichen Abmessungen auch Unterschiede bei demselben Rohmaterial, wenn es verschiedenen Behandlungsprozessen unterworfen wird. So konnte z. B. ein unterschiedlicher *Fixierungsgrad von Perlongeweben* bei Ultrarot-Fixierung in folgendem Falle nachgewiesen werden. Auf einer Ultrarotfixieranlage ist Perlongewebe fixiert worden, wobei die Fixierung unterschiedlich ausgefallen war, und zwar derart, daß die Härte des Gewebes von der Leiste nach der Mitte hin zunahm. Aus dem Gewebe wurden von der Webkante ab nach der Mitte des Gewebes zu in Abständen von je 10 cm Probestreifen für Biegeversuche herausgeschnitten. Das Ergebnis ist in Bild 41 dargestellt. Der Streifen an der Leiste ist mit „1", derjenige aus der Mitte mit „5" bezeichnet. Aus dem Bild 41 ergibt sich die graphische Darstellung des Bildes 42. Es ist deutlich zu sehen, wie die Biegearbeit nach der Mitte hin zunimmt. Legt man sich auf einen bestimmten, zur Biegearbeit in Beziehung gebrachten Fixiergrad fest, so läßt sich durch die Prüfung des Gewebes auf Biegung nachweisen, ob die Fixieranlage richtig eingestellt war. In diesem Falle ist der Fixiergrad über die gesamte Gewebebreite gleichmäßig.

Es wurde ferner untersucht, in welchem Maße *Haushaltstärke* Leinengewebe versteift. Bild 43 zeigt das Biegediagramm des ungestärkten und des gestärkten Gewebes, woraus zu ersehen ist, wie erheblich die Biegearbeit durch Stärken gesteigert wird. Die Ergebnisse sind:

Leinengewebe	ε_B	M_z	F_b	Biegearbeit A
ungestärkt	73%	0,07	—	0,7 cmp,
gestärkt	38%	0,42	0,2	8,4 cmp.

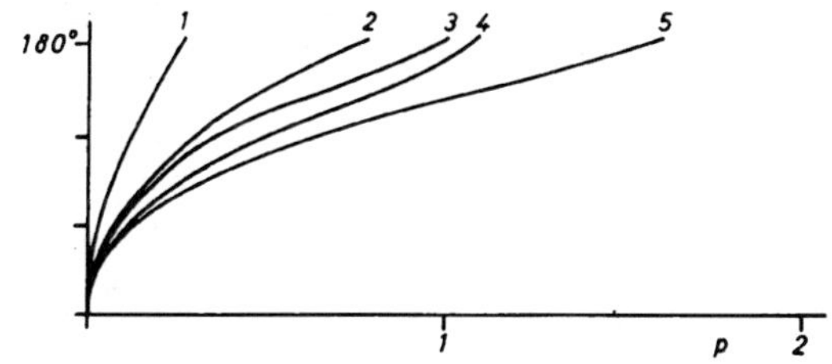

Bild 41. Perlon-Gewebe, Bestimmung des Fixierungsgrades

Die Biegearbeit und damit die Biegesteifigkeit des gestärkten Stoffs ist 1200% höher als bei ungestärktem Gewebe. Die Biegeelastizität geht allerdings auf die Hälfte zurück, da die Stärkeeinlagerung unelastisch ist. Der Anstieg des Materialzerstörungskoeffizienten hängt offenbar damit zusammen, daß durch das Biegen die Stärke wieder herausbröckelt; es wird nicht das Gewebe, sondern der Stärkefilm zerstört.

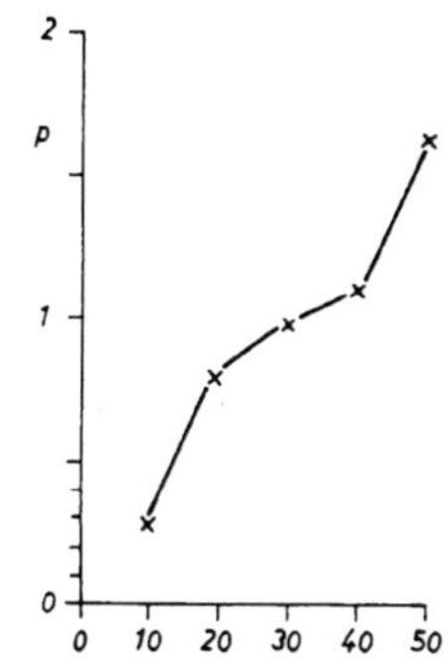

Bild 42. Perlon-Gewebe, Bestimmung des Fixierungsgrades, graphisch dargestellt

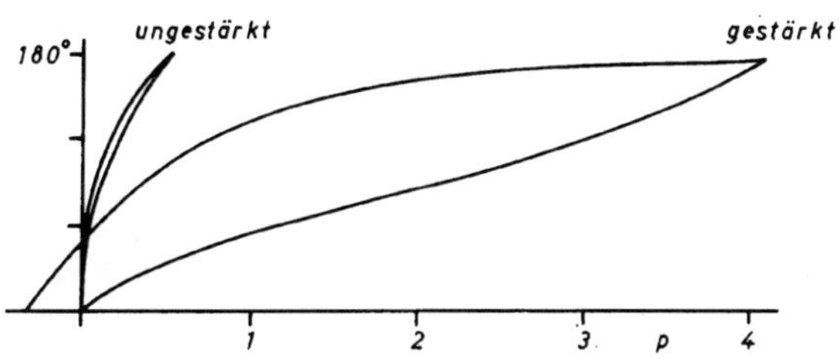

Bild 43. Leinengewebe, haushaltgestärkt

Industrieversteifungen von Geweben. In Bild 44 ist das Biegediagramm eines mit Kleber steif appretierten Zellwollgewebes wiedergegeben. Das gleiche Gewebe wurde nach sechs verschiedenen Appretur-Vorschriften (1, 5, 6, 7, 8, 9) maschinell gesteift und jedes der sechs steifappretierten Gewebe auf Biegen geprüft. Um den Grad der Waschbeständigkeit der sechs Appreturen zu ermitteln, wurde die Kraft beim Biegen um 180° nach der 6. Wäsche festgestellt. Im Bild 45 sind die Biegekräfte *vor* der Wäsche dargestellt, im Bild 46 *nach* der 6. Wäsche. Hieraus ist ersichtlich, daß die Steifung der Appretur „6" durch Waschen am meisten zurückgeht, die der Appretur „1" am wenigsten. Der Rückgang an Steifheit beträgt

bei	1	5	6	7	8	9
	33,3	42,0	71,3	27,3	34,1	65,2%.

Im Bild 47 ist das Ergebnis noch einmal graphisch dargestellt.

15 *Biegekraftmessungen*

Wenn es sich darum handelt, die Biegesteifigkeiten von verschiedenen Prüflingen untereinander zu vergleichen — wie das z. B. bei den zuletzt beschriebenen Versuchen der Fall war —, so genügt es oft, die Biegekraftmessung beim einfachen Hinbiegen um 180° durch-

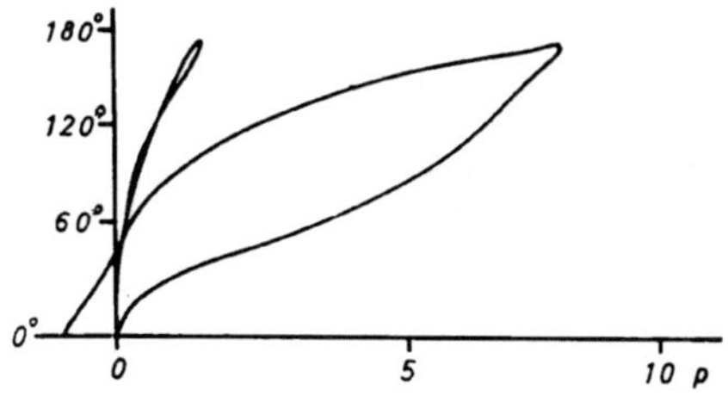

Bild 44. Zellwollgewebe, steif-appretiert

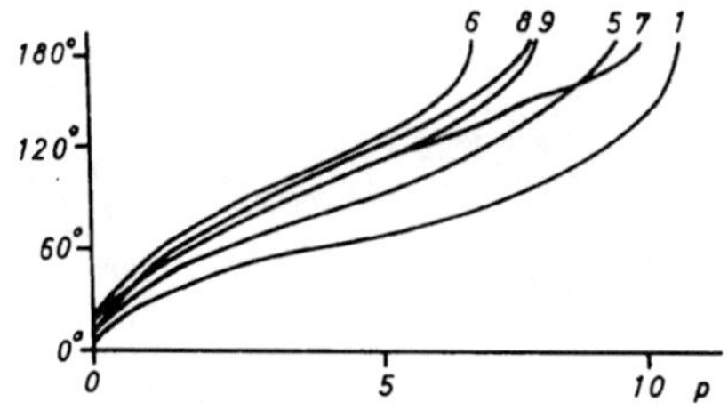

Bild 45. Zellwollgewebe, vor der Wäsche

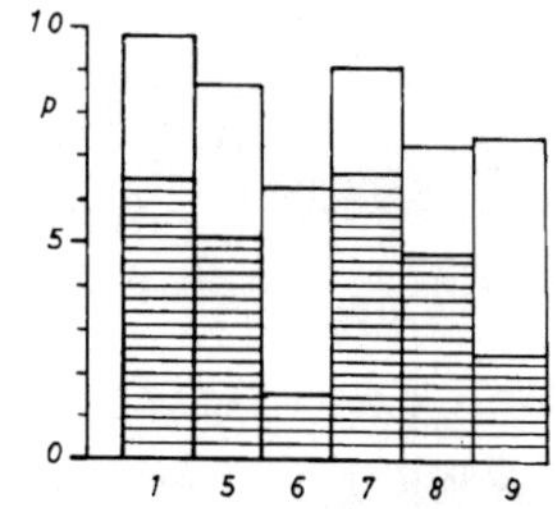

Bild 47. Zellwollgewebe, graphische Darstellung des Rückgangs der Steifheit durch Waschen

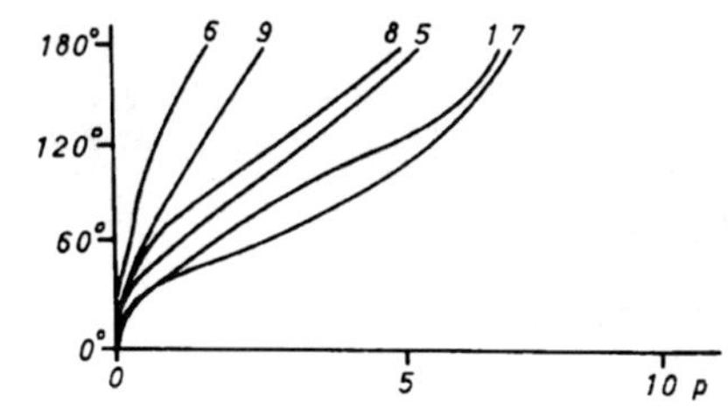

Bild 46. Zellwollgewebe, nach sechs Wäschen

zuführen. In diesem Zusammenhang soll nochmals auf die Biegekräfte bei verschiedenem Durchmesser hingewiesen werden. Für Perlon und Polyurethan sind sie aus den Diagrammen der Bilder 48 und 49 und aus der graphischen Darstellung des Bildes 50 zu ersehen.

Zusammenfassung

Ein Verfahren und eine Vorrichtung mit elektromagnetischer Anzeige und automatischer Registrierung zur Bestimmung der Biegeeigenschaften werden beschrieben. Dem Verfahren liegen folgende Überlegungen zugrunde: Um einen Körper zu biegen, ist Arbeit aufzuwenden, und zwar um so mehr, je größer seine Biegesteifigkeit ist. Diese Arbeit wird verbraucht zur Formänderung, zur Materialzerstörung und Temperaturerhöhung. Sobald die äußere Kraft, welche die Biegung verursacht, nicht mehr wirkt, sucht der Körper infolge seiner Biegeelastizität seine ursprüngliche Gestalt wieder anzunehmen. Das gelingt jedoch nur insoweit, als der Körper innere biegeelastische Arbeit zurückgibt. Wenn die ursprüngliche Gestalt dann zwangsweise wiederhergestellt werden soll, so ist erneut äußere Arbeit aufzuwenden.

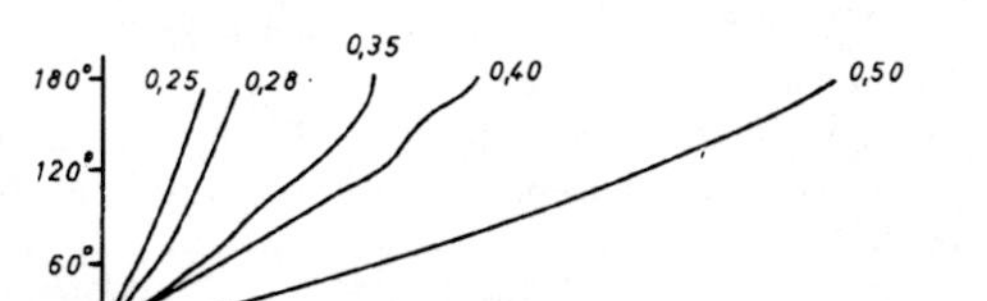

Bild 48. Perlon-Borsten, Biegekräfte bei verschiedenen Durchmessern

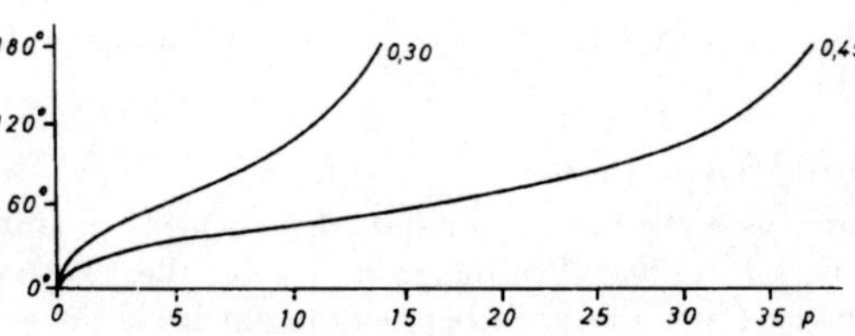

Bild 49. Polyurethan-Borste, Biegekräfte bei verschiedenen Durchmessern

Aus der Größe dieser Arbeiten und ihren gegenseitigen Beziehungen lassen sich Rückschlüsse auf die Biegesteifigkeit, Biegeelastizität, Materialzerstörung und bleibende Formänderung ziehen und entsprechende Formeln aufstellen. Die Schlußfolgerungen lassen sich bereits aus einer einmaligen Biegung um 180° mit anschließender Rückbiegung treffen.

Auf demselben Apparat können auch Dauerbiegeprüfungen gegebenenfalls bis zum Bruch des Prüfkörpers ausgeführt werden. Hierbei wird mit zunehmender Biegezahl das eintretende Nachlassen der Biegekräfte automatisch registriert und das Maß der Ermüdung ermittelt. Durch Versuche und Untersuchungen wird dargetan, daß z. B. Unterschiede im Rohmaterial, in der geometrischen Querschnittsform und -Größe sowie technologische und andere Einflüsse in der Gestalt der Diagramme deutlich zu erkennen sind.

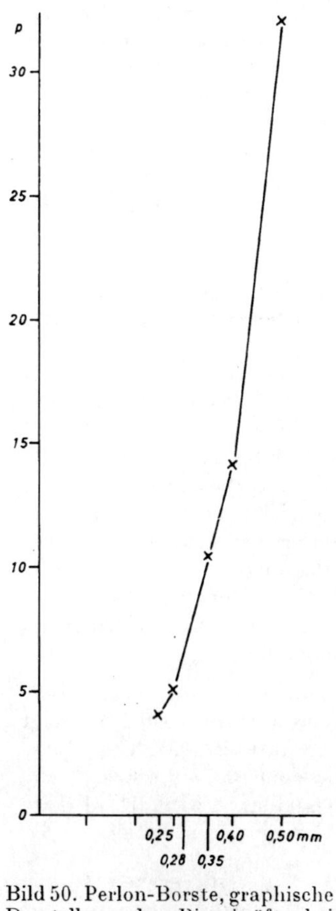

Bild 50. Perlon-Borste, graphische Darstellung der Biegekräfte bei verschiedenen Durchmessern

Die Einspannung des Prüfkörpers erfolgt senkrecht, so daß die Biegebelastung nicht durch das Eigengewicht des Prüflings beeinflußt wird. Die Biegung kann um jeden beliebigen Winkel bis zu 180° durchgeführt werden. Im gebogenen Zustand stehen die beiden Schenkel des Prüflings nach einer Biegung von 180° parallel. Um die Ergebnisse miteinander vergleichbar zu machen, wird jeder Prüfling durch eine besondere Vorrichtung derselben Prüfbedingung unterworfen, indem der Biegeradius in jedem Falle der Materialdicke entspricht. Es können sowohl faden-, stab- als auch flächenförmige Gebilde geprüft werden. Durch ein besondere Lagerung wird ein Herausspringen des Prüfkörpers aus der Biegeebene verhindert. Die Registrierung des Biegewinkels und der Biegekräfte erfolgt selbsttätig, wobei der Verlauf der Biegekraft für jeden beliebigen

Biegewinkel zwischen 0 und 180° verfolgt werden kann. Die durch die aufgezeichneten Kurven begrenzten Flächen stellen den für das Biegen notwendigen Arbeitsaufwand dar; die Diagramme lassen sich nach Entzerrung ausplanimetrieren.

Literatur

[1] *Elöd, E.*, *Holz, H. M.*, und *Graesser, W.*, Einfluß der Mikrostruktur auf die Knittereigenschaften von Zellulosehydratfasern. Reyon, Zellwolle, andere Chemiefasern **33** (1955) 1) S. 7—11.

[2] *Frenzel, W.*, Prüfgerät zur Bestimmung der Biegefähigkeit und -Elastizität. Faserforsch. u. Textiltechn. **1** (1950) S. 109—118 (enthält weiteres Schrifttum).

[3] *Hamburger, Walter J.*, *Platt, Milton M.*, und *Morgan, Henry M.*, Mechanics of Elastic Performance of Textile Materials. X. Textile Res. J. **22** (1952) 11, S. 695—728.

[4] *Houwink, R.*, Elastizität, Plastizität und Struktur der Materie. 1950.

[5] *Kalkman, J. A.*, Die Bestimmung der Biegungssteifigkeit bei Geweben. Reyon Rev. **9** (1955), Arnheim 1, S. 1—8.

[6] *Martin, H.*, Elektrische Messungen im Textilprüfwesen. Textil- u. Faserstofftechn. **6** (1956) S. 290—293.

[7] *Miehlich, W.*, Prüfungen an Borsten und synthetischen Drähten. Melliand Textilber. **33** (1952) S. 545—546, 667—670.

[8] *Müller, F. H.*, Biegungsversuche an Einzelfasern. Kolloid-Z. **113** (1949) 1, S. 53—59.

[9] *Prins, J.*, Bestimmung der Steifheit endloser Garne. Reyon Rev. Arnheim **9** (1955) 2, S. 54—59.

[10] *Röder, H. L.*, Rigidité des fils et des fibres. Bull. Inst. Textil France (1954) 49, S. 61—77.

[11] *Sommer, H.*, und *Winkler, F.*, Die Prüfung der Textilien. Handbuch der Werkstoffprüfung, 2. Aufl. Bd. V. Berlin: Springer 1960. Abschn. C: Festigkeit und Formänderung bei Biegebeanspruchung (enthält weiteres Schrifttum).

[12] *Stein, H.*, Dehnungsprüfungen am laufenden Faden. Textil-Praxis **2** (1947) S. 257—261; **3** (1948) S. 165 bis 168; 200—203; **4** (1949) S. 487—491; 550—552.

[13] *Matthes, M.*, und *Keworkian, A.*, Die Abhängigkeit der Festigkeit von der Drehung der Gespinste. Melliand Textilber. **23** (1942) S. 585—587; **24** (1943) S. 13—15; 64—69; 111—115; 163—169.

Eingegangen am 2. Juli 1963.

Zur Theorie der Luftströmung durch Faserpfropfen

Karlheinz Geitel

79. Mitteilung aus dem Institut für Textiltechnologie der Chemiefasern, Rudolstadt—Schwarza

DK 531.717.11.001.24:677.1/.5

Ausgehend von der sogenannten *Kozeny*-Gleichung, einer speziellen Form des Gesetzes von *Hagen* und *Poiseuille*, wird eine Beziehung für die Luftströmung durch Faserpfropfen abgeleitet, die eine genauere Beschreibung des Vorgangs gestattet, als die zur Zeit allgemein benutzte Beziehung nach *Carman* bzw. *Hertel*. Für die Bestimmung der Faserfeinheit sind nach den neuen Erkenntnissen zwei Konstanten erforderlich. Während die eine tabelliert werden konnte, muß die andere jeweils experimentell bestimmt werden.

К теории протекания воздуха через массу волокон

Исходя из так называемого уравнения *Козени*, являющегося специальным случаем закона *Гагена-Пуазейля*, выведено уравнение протекания воздуха через массу волокон, позволяющее более подробно описать процесс протекания, чем широко применяемое в настоящее время уравнение *Кармана* и *Хертеля*. Для определения тонины волокон в соответствии с новейшими данными необходимо применять две константы. В то время как для вычисления первой удалось составить таблицу, вторая из них в случае необходимости должна быть определена экспериментальным путем.

On the Theory of Air Flow through Fibre Plugs

Based on the so-called *Kozeny* equation, a special form of the formula of *Hagen-Poiseuille*, a relation for the air flow through fibre plugs has been derived allowing a more precise description of the process than the relation of *Carman* resp. *Hertel*. commonly used at present. According to the new concept, two constants are to be known for the determination of the fineness of fibres, the one of which can be tabulated, whereas the other must be determined experimentally in each case.

Einleitung

Luftstrom-Prüfverfahren haben eine vielfältige Anwendung in der Technik gefunden. Auf dem Gebiet des textilen Prüfwesens, vor allem auf dem Baumwollsektor, wurde versucht, die Faserfeinheit mit Hilfe des Luftstroms zu bestimmen. Bekanntlich scheiterte dieser Versuch daran, daß neben der Faserfeinheit noch andere Eigenschaften den Meßwert beeinflussen. Die Entwicklung führte notgedrungen zum Micronaire-Wert, einer Kennzahl, in der mehrere Fasereigenschaften, in erster Linie Feinheit und Reife der Baumwolle, vereinigt sind. In den letzten Jahren wurde das Problem wiederholt aufgegriffen, wobei besonders das wachsende Interesse der Chemiefaserindustrie zu nennen ist, das Verfahren in der Produktionskontrolle einzusetzen. Während bei runden Fasern der Zusammenhang zwischen Meßwert und Fasereinheit verhältnismäßig leicht herzustellen ist, ergaben sich bei Zellwolle und anderen Chemiefasern, deren Querschnittsform nicht rund ist, große Schwierigkeiten. Es zeigte sich, daß die vorhandenen theoretischen Ansätze nicht geeignet waren, die Luftströmung durch Faserpfropfen genau genug zu beschreiben.

Theoretische Grundlagen und gegenwärtiger Entwicklungsstand

Die Bestimmung der Faserfeinheit mit der Luftstrommethode wurde erstmalig von *Hertel* und seinen Mitarbeitern versucht [1, 2]. Die theoretische Grundlage dafür bildete die Beziehung

$$Q = \frac{1}{k} \cdot \frac{\Delta p \cdot F_0}{L_0 \cdot \eta \cdot o^2} \cdot \frac{\varepsilon^3}{(1-\varepsilon)^2}. \tag{1}$$

Darin bedeuten:

Q = je Zeiteinheit strömendes Luftvolumen,
k = Konstante,
Δp = Druckabfall über der Probe,
F_0 = Querschnittsfläche der Meßkammer,
L_0 = Länge der Meßkammer,
η = dynamische Viskosität des strömenden Mediums,
o = spezifische Faseroberfläche,
ε = Porosität des Faserpfropfens.

Dabei gilt

$$\varepsilon = 1 - \frac{M}{V_0 \cdot \varrho} \tag{2}$$

mit M = Masse der Probe (Einwaage),
V_0 = Volumen der Meßkammer,
ϱ = Dichte des Faserstoffs.

Gleichung (1) geht auf *Carman* [3, 4] zurück, der die Luftströmung zur Bestimmung der Oberfläche kleiner Teilchen benutzte. Als Ursprung der Entwicklung ist eine nach *Kozeny* [5] benannte Gleichung bekannt, die die laminare Strömung durch unrunde Rohre beschreibt und auf die Strömung durch Aufschüttungen von Sand angewendet wurde.

$$Q = \frac{1}{k} \cdot \frac{m^2 \cdot \Delta p \cdot F}{L \cdot \eta}; \tag{3}$$

m = Verhältnis von Querschnittsfläche zu Umfang des Strömungskanals = hydraulicher Radius,
F = durchströmte Querschnittsfläche,
L = Weglänge der Strömung.

Die Formel ist als Sonderfall des *Hagen-Poiseuille*schen Gesetzes für die Strömung durch Rohre bei laminaren Verhältnissen anzusehen. Die hier kurz umrissene Entwicklung wurde ausführlicher von *Cassie* [6] aufgezeichnet. Der Formel (1), die zur Zeit allgemein als theoretische Grundlage für die Luftströmung durch Faserpfropfen dient, haften zahlreiche Mängel an. Bereits von *Lord* [7] wurde gezeigt, daß die Konstante k nicht nur von der Faserart und Faserlage abhängig ist, sondern sich auch mit der Probengröße, d. h. mit der Porosität des Faserpfropfens, stark verändert. Das bedeutet, daß man die bei unterschiedlichen Einwaagen erhaltenen Ergebnisse nicht ineinander umrechnen kann, obwohl das entsprechend dem Term $\frac{\varepsilon^3}{(1-\varepsilon)^2}$ möglich sein sollte. Eigene Untersuchungen haben ergeben, daß selbst die Stärke der Fasern Einfluß auf die „Konstante" k hat.

Problematisch ist auch die Bestimmung der Faserfeinheit aus (1) im allgemeinen Fall. Sie muß aus der spezifischen Oberfläche o abgeleitet werden. Diese ist definiert als Verhältnis von Faserumfang u zur Querschnittsfläche f. Das bedeutet, daß bei runder Querschnittsform ein direkter Zusammenhang zwischen der spezifischen Oberfläche und dem Faserradius r (und damit auch der Feinheit) angegeben werden kann. Es gilt nämlich

$$o = \frac{2}{r} \tag{4}$$

bzw.

$$o = 2\sqrt{\frac{\pi \cdot \varrho}{T_t}} \tag{4a}$$

mit T_t = Faserfeinheit (Masse/Längeneinheit).

Bei Fasern beliebigen Querschnitts besteht kein solcher Zusammenhang. Man kann jedoch aus der Definitionsgleichung für o einen Zusammenhang ableiten, indem man schreibt

$$o^2 = \frac{u^2}{f^2} = \frac{u^2}{f} \cdot \frac{1}{f}. \tag{5}$$

Die Querschnittsfläche f steht im Zusammenhang mit der Faserfeinheit T_t:

$$T_t = f \cdot \varrho. \tag{6}$$

Durch einmaliges Einsetzen erhält man

$$o^2 = \frac{u^2}{f} \cdot \frac{\varrho}{T_t}. \tag{7}$$

Der darin auftretende Quotient $\frac{u^2}{f}$ kann aus stark vergrößerten Querschnittsaufnahmen des betreffenden Faserstoffes ermittelt werden, indem man beispielsweise den Umfang mit einem Längenmeßgerät, die Fläche mit einem Planimeter bestimmt. Da der Zähler des Quotienten dieselbe Dimension hat wie der Nenner, entsteht bei der Vergrößerung des Faserquerschnitts kein Fehler. Der Quotient $\frac{u^2}{f}$ gilt sowohl für die natürlichen Abmessungen als auch für beliebige Vergrößerungen.

Man kann nun (7) in (1) einsetzen und erhält eine Formel zur Bestimmung der Fasereinheit bei beliebiger Querschnittsform; jedoch ist der Zeitaufwand für das Planimetrieren einer großen Anzahl von Querschnitten so groß, die dabei erzielte Genauigkeit dagegen so gering, daß die praktische Bedeutung des geschilderten Verfahrens angezweifelt werden muß.

Von *Bobeth* und *Heger* [8] wurde gefordert, den bisher unbekannten Zusammenhang zwischen der Konstanten k und der Porosität ε zu untersuchen. Dieser Weg erscheint jedoch wegen der erörterten Mängel der Gleichung (1) wenig aussichtsreich. Es soll daher versucht werden, aus der Gleichung (3) eine brauchbarere Beziehung für die Bestimmung der Faserfeinheit abzuleiten.

Ableitung der Beziehung für die Luftströmung durch Faserpfropfen

Wie allgemein bekannt, ist die Faserlage im Propfen von beträchtlichem Einfluß auf die Luftströmung. Da es sehr schwer ist, eine genau definierte Faserlage einzuhalten, eine ideale Wirrlage der Fasern aber ebenso schwer zu erzielen ist, begnügt man sich mit einer gründlichen Öffnung der Flocke. Es hat sich fast durchweg eingeführt, die Fasern vor der Messung zu krempeln. Durch ein Aufzupfen von Hand würden — abgesehen vom Zeitaufwand — vorhandene Schnittbündel nicht vollständig aufgelöst. Da beim Krempelprozeß neben der Auflösung der Flocke bereits eine gewisse Parallellage der Fasern erzielt wird, soll für die folgende Ableitung eine Parallellage der Fasern vorausgesetzt werden. Es wird von einer Faserlage ausgegangen, wie sie in Bild 1 im Schnitt dargestellt ist. Sie entspricht der dichtesten Packung; die Mittelpunkte zweier benachbarter Faserquerschnitte bilden mit der dazugehörigen Faser der nächsten Lage ein gleichseitiges Dreieck. Wegen der vorhandenen Symmetrie genügt es, das in Bild 1 umrandete Raumelement zu betrachten, das in Bild 2 vergrößert gezeichnet wurde. Anhand von Bild 2 sollen die in der Gleichung (3) vorkommenden Parameter bestimmt bzw. als Funktion der Porosität ε dargestellt werden. Es handelt sich dabei im einzelnen um die durchströmte Querschnittsfläche F, um den hydraulischen Radius m und um die Weglänge der Strömung L. Die übrigen Größen sind entweder aus der Messung bekannt ($Q, \Delta p$) oder sind bekannte (η) bzw. experimentell zu bestimmende (k)

Bild 1. Angenommene Faserlage im Pfropfen (Querschnitt)

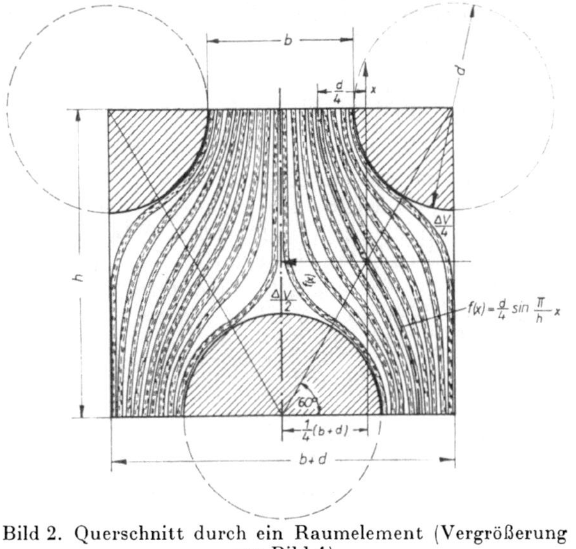

Bild 2. Querschnitt durch ein Raumelement (Vergrößerung aus Bild 1)

Konstanten. Die Ableitung wird für runden Faserquerschnitt durchgeführt. Bei beliebiger Querschnittsform wird mit dem aus der Feinheit der entsprechenden runden Faser abgeleiteten Durchmesser gerechnet. Die veränderten Strömungsverhältnisse werden in den Konstanten berücksichtigt.

In Bild 2 wurden die Stromlinien zwischen den Fasern angedeutet, wobei für die Mittellinie jeder Raumhälfte ein sinusförmiger Verlauf angenommen wurde. Die Länge l der Mittellinie kann der mittleren Länge der Stromlinien im Raumelement gleichgesetzt werden, so daß bei Kenntnis von l auf die Länge L der Stromlinien des Faserpfropfens geschlossen werden kann.

Der Bestimmung des hydraulischen Radius wird der spaltförmige Querschnitt an der engsten Stelle zweier benachbarter Fasern zugrunde gelegt. Der hydraulische Radius des Raumelements ist dem des gesamten Faserpfropfens gleich.

Die Querschnittsfläche f des elementaren Strömungskanals soll als Mittelwert über das gesamte Raumelement gewonnen werden. Von f ist ebenfalls leicht auf F zu schließen. Es empfiehlt sich, zunächst die Beziehungen zwischen den Abmessungen des Raumelements zusammenzustellen. Wird der Durchmesser der Faser mit d bezeichnet, der Abstand zweier Fasern mit b, so erhält man für die Breite des Raumelements $b + d$. Seine Höhe sei h. Zur Einführung der Porosität ε, die in Übereinstimmung mit (2) durch das Verhältnis von Porenvolumen V_H zu Gesamtvolumen V gegeben ist, findet man

$$V = (b + d) \cdot h \cdot a, \tag{8}$$

$$V_H = \left[(b + d) \cdot h - \frac{\pi d^2}{4}\right] \cdot a, \tag{9}$$

wobei a die in der Darstellung nicht zu sehende dritte Kante des Raumelements sein soll.

Für die Porosität erhält man nun

$$\varepsilon = \frac{V_H}{V} = \frac{(b + d) \cdot h - \frac{\pi d^2}{4}}{(b + d) \cdot h} \tag{10}$$

und weiter

$$\varepsilon = 1 - \frac{\pi d^2}{4 \cdot h\,(b + d)}. \tag{11}$$

Die Breite des Raumelements läßt sich durch die Höhe ausdrücken:

$$b + d = \frac{h}{\sin 60^\circ} = \frac{2\,h}{\sqrt{3}}. \tag{12}$$

Durch Einsetzen von (12) in (11) erhält man nach Umstellung

$$\frac{d^2}{h^2} = \frac{8\,(1 - \varepsilon)}{\sqrt{3} \cdot \pi}. \tag{13}$$

Dieser Ausdruck wird an anderer Stelle noch benötigt.

Zur Bestimmung von l genügt es, eine Hälfte des Bildes 2 zu betrachten. Führt man ein Koordinatensystem $(x, f(x))$ ein, wie in Bild 2 eingezeichnet, so kann man die Länge des sinusförmigen Kurvenstücks nach der Formel

$$l = \int_{-h/2}^{+h/2} \sqrt{1 + (f'(x))^2}\, dx \tag{14}$$

berechnen. Im gewählten Koordinatensystem wird der maximale Wert der Stromlinienfunktion bei $x = \frac{h}{2}$ erreicht und beträgt $f\left(\frac{h}{2}\right) = \frac{d}{4}$. Damit kann die Funktion der Stromlinie angegeben werden:

$$f(x) = \frac{d}{4} \sin \frac{\pi}{h} x. \tag{15}$$

Das Quadrat der ersten Ableitung in (14) eingesetzt, erhält man

$$l = \int_{-h/2}^{+h/2} \sqrt{1 + \frac{d^2 \pi^2}{16 \cdot h^2} \cos^2 \frac{\pi}{h} x}\; dx. \tag{16}$$

Durch Reihenentwicklung des Wurzelausdrucks nimmt (16) folgende Gestalt an:

$$l \approx \int_{-h/2}^{+h/2} \left(1 + \frac{d^2 \pi^2}{32 \cdot h^2} \cos^2 \frac{\pi}{h} x\right) dx. \tag{17}$$

Dabei durfte die Entwicklung nach den ersten beiden Gliedern abgebrochen werden, denn der zweite Summand unter der Wurzel von (16) ist für den in Betracht kommenden Bereich bedeutend kleiner als 1. Integration von (17) in den angegebenen Grenzen ergibt die Weglänge des Luftstroms im Raumelement

$$l = h + \frac{\pi^2 d^2}{64 h}. \tag{18}$$

Die Anzahl n der Faserlagen in der Meßkammer läßt sich aus der Meßkammerlänge L_0 und der Höhe h des Raumelements bestimmen:

$$n = \frac{L_0}{h}. \tag{19}$$

Die gesamte Weglänge L der Strömung wird damit

$$L = n \cdot l = L_0 \left(1 + \frac{d^2 \cdot \pi^2}{64 \cdot h^2}\right) \tag{20}$$

und nach Einsetzen von (13)

$$L = L_0 \left(1 + \frac{\pi (1 - \varepsilon)}{8 \sqrt{3}}\right). \tag{21}$$

Der hydraulische Radius m wurde bereits im Anschluß an (3) definiert. Man kann also schreiben

$$m = \frac{a \cdot b}{2 (a + b)} \tag{22}$$

oder

$$m = \frac{b}{2\left(1 + \frac{b}{a}\right)}. \tag{22a}$$

Da die Länge a des spaltförmigen Strömungsquerschnitts bedeutend größer als seine Breite b ist, kann $ba \approx 0$ gesetzt werden, und aus (22a) wird

$$m \approx \frac{b}{2}. \tag{23}$$

Aus (12) und (13) findet man

$$b = d \left(\sqrt{\frac{\pi}{2 \sqrt{3}\,(1 - \varepsilon)}} - 1\right). \tag{24}$$

Damit ergibt sich der hydraulische Radius zu

$$m = \frac{d}{2} \left(\sqrt{\frac{\pi}{2 \sqrt{3}\,(1 - \varepsilon)}} - 1\right). \tag{25}$$

Als letztes bleibt die Größe des durchströmten Querschnitts zu bestimmen. Wir setzen dazu an

$$F = q \cdot F_0, \tag{26}$$

wobei F_0 die Querschnittsfläche der Meßkammer bedeutet. q ist das Verhältnis von mittlerer durchströmter Querschnittsfläche $\bar{f}$ des Raumelements zur Gesamtquerschnittsfläche f_0 desselben:

$$q = \frac{\bar{f}}{f_0} \tag{27}$$

oder

$$q = \frac{\bar{f}}{(b + d)\, a}. \tag{27a}$$

Einen Mittelwert für die durchströmte Querschnittsfläche $\bar{f}$ erhält man durch Division des durchströmten Volumens V_{st} durch die Weglänge, also

$$\bar{f} = \frac{V_{st}}{l}. \tag{28}$$

Hier wurde unterschieden zwischen dem durchströmten Volumen V_{st} und dem Porenvolumen V_H (9). V_{st} ist kleiner als V_H, da unmittelbar vor und hinter den Fasern keine bzw. eine stark verminderte Strömung herrscht:

$$V_{st} = V_H - \Delta V. \tag{29}$$

Die Größe des strömungsfreien Gebiets ΔV kann nur grob geschätzt werden. Es wird mit der Querschnittsfläche der Fasern wachsen. Außerdem ist anzunehmen, daß Fasern, deren Querschnitt stark von der runden Form abweicht oder deren Oberfläche nicht glatt ist (Schuppenstruktur der Wolle), das Gebiet der geringen Strömung vergrößern. Wir machen aus diesen Gründen den allgemeinen Ansatz

$$\Delta V = k_1 \cdot \frac{\pi d^2}{4} \cdot a, \tag{30}$$

wobei k_1 eine noch zu bestimmende Konstante darstellt.

(30) in (29) eingesetzt, ergibt unter Berücksichtigung von (9)

$$V_{st} = \left[(b + d)\, h - \frac{\pi d^2}{4} - k_1 \frac{\pi d^2}{4}\right] a. \tag{31}$$

Nunmehr erhält man aus (28), (31) und (18) $\bar{f}$, danach q aus (27a) und (28) und schließlich F durch Einsetzen von (27a) in (26):

$$F = F_0 \frac{\left[(b + d)\, h - \frac{\pi d^2}{4} (k_1 + 1)\right] a}{\left(h + \frac{\pi^2 d^2}{64 h}\right)(b + d)\, a}. \tag{32}$$

Dieser Ausdruck läßt sich unter Einführung von (13) vereinfachen zu

$$F = F_0 \frac{8 \sqrt{3}\, [\varepsilon - k_1 (1 - \varepsilon)]}{8 \sqrt{3} + \pi (1 - \varepsilon)}. \tag{33}$$

Setzt man die in (21), (25) und (33) entwickelten Größen L, m und F in die nach Δp aufgelöste Formel (3) ein, so erhält man

$$\Delta p = \frac{k \cdot \eta \cdot Q \cdot L_0 \left(1 + \frac{\pi (1 - \varepsilon)}{8 \sqrt{3}}\right)}{F_0 \cdot \frac{d^2}{4} \left(\sqrt{\frac{\pi}{2 \sqrt{3}\,(1 - \varepsilon)}} - 1\right)^2 8 \sqrt{3}\, \frac{[\varepsilon - k_1 (1 - \varepsilon)]}{8 \sqrt{3} + \pi (1 - \varepsilon)}} \tag{34}$$

und nach Vereinfachung

$$\Delta p = \frac{k \cdot \eta \cdot Q \cdot L_0}{48 \cdot F_0 \cdot d^2} \cdot \frac{[8\sqrt{3} + \pi\,(1-\varepsilon)]^2\,[2\sqrt{3}\,(1-\varepsilon)]}{[\varepsilon - k_1\,(1-\varepsilon)]\,\left[\sqrt{\pi} - \sqrt{2\sqrt{3}\,(1-\varepsilon)}\right]^2}. \quad (35)$$

Führt man für den Faserdurchmesser d die Beziehung

$$d = \sqrt{\frac{4\,T_t}{\pi \cdot \varrho}} \quad (36)$$

ein und schreibt für den ε enthaltenden Term in (35) abkürzend

$$\frac{[8\sqrt{3} + \pi\,(1-\varepsilon)]^2\,[2\sqrt{3}\,(1-\varepsilon)]}{[\varepsilon - k_1\,(1-\varepsilon)]\,\left[\sqrt{\pi} - \sqrt{2\sqrt{3}\,(1-\varepsilon)}\right]^2} = f(\varepsilon, k_1), \quad (37)$$

so ergibt sich

$$\Delta p = \frac{k \cdot \pi \cdot \eta \cdot Q \cdot L_0 \cdot \varrho}{192 \cdot F_0 \cdot T_t} \cdot f(\varepsilon, k_1) \quad (38)$$

und unter Zusammenfassung der Konstanten zu

$$k_2 = \frac{k \cdot \pi}{192} \quad (39)$$

$$\Delta p = \frac{k_2 \cdot \eta \cdot Q \cdot L_0 \cdot \varrho}{F_0 \cdot T_t}\, f(\varepsilon, k_1). \quad (40)$$

Damit ist die gesuchte Beziehung für die Luftströmung durch Faserpfropfen in ihrer Grundform gefunden. Gleichung (40) besagt, daß unter konstanten Prüfbedingungen und für eine bestimmte Faserart die Faserfeinheit entgegengesetzt proportional dem Druckabfall über der Probe ist.

Wegen der Druck- und Temperaturabhängigkeit der Anzeige von Rotamessern ist es erforderlich, die Größen Δp und Q in (40) näher zu erläutern. Unter Δp ist der Druckunterschied zwischen dem äußeren Luftdruck p_a und dem im Rotamesser herrschenden Druck p zu verstehen; Q ist der tatsächliche Luftstrom beim Druck p und der absoluten Temperatur T. Bei der Messung lesen wir Δp und den scheinbaren Luftstrom Q_s ab. Nach *Dechant* [9] besteht zwischen Q und Q_s folgende Beziehung:

$$Q = Q_s \sqrt{\frac{p_0 \cdot T}{p \cdot T_0}}. \quad (41)$$

Darin sind p_0 und T_0 die Eichdaten des Rotamessers. Führt man (41) in der Form

$$Q = Q_s \sqrt{\frac{p_0 \cdot T}{(p_a - \Delta p) \cdot T_0}} \quad (42)$$

in (40) ein, so erhält man

$$\Delta p \sqrt{\frac{(p_a - \Delta p)\,T_0}{p_0 \cdot T}} = \frac{k_2 \cdot \eta \cdot Q_s \cdot L_0 \cdot \varrho}{F_0 \cdot T_t}\, f(\varepsilon, k_1). \quad (43)$$

Für die linke Seite von (43) schreiben wir abkürzend

$$\Delta p \sqrt{\frac{(p_a - \Delta p)\,T_0}{p_0 \cdot T}} = \Delta p_{\text{korr.}}. \quad (44)$$

Damit bekommt (43) die Form

$$\Delta p_{\text{korr.}} = \frac{k_2 \cdot \eta \cdot Q_s \cdot L_0 \cdot \varrho}{F_0 \cdot T_t}\, f(\varepsilon, k_1). \quad (45)$$

Gibt man den korrigierten Druckabfall $\Delta p_{\text{korr.}}$ als Höhe $h_{\text{korr.}}$ der Flüssigkeitssäule des Manometers an, setzt man also

$$\Delta p_{\text{korr.}} = \varrho_{\text{Fl}} \cdot g \cdot h_{\text{korr.}} \quad (46)$$

mit ϱ_{Fl} = Dichte der Manometerflüssigkeit;
g = Erdbeschleunigung,

so erhält man schließlich

$$h_{\text{korr.}} = \frac{k_2 \cdot \eta \cdot Q_s \cdot L_0 \cdot \varrho}{g \cdot \varrho_{\text{Fl}} \cdot F_0 \cdot T_t}\, f(\varepsilon, k_1). \quad (47)$$

Diese Beziehung soll für den weiteren Rechengang, insbesondere für die Bestimmung der Konstanten k_1 und k_2, Verwendung finden.

Bestimmung der Konstanten

Hält man in (47) außer $h_{\text{korr.}}$ und ε alle anderen Größen konstant, so gewinnt man die Aussage, daß der korrigierte Druckabfall über der Probe proportional der Porositätsfunktion $f(\varepsilon, k_1)$ sein muß:

$$h_{\text{korr.}} \sim f(\varepsilon, k_1). \quad (48)$$

Vergleicht man die in Bild 2 von der Strömung unberührt bleibenden Gebiete mit dem von den eingezeichneten Fasern eingenommenen Raum, so kann man die mit (30) eingeführte Konstante k_1 unschwer in ihrer Größenordnung abschätzen. Für runde Fasern schätzt man $k_1 \approx \frac{1}{6} \cdots \frac{1}{4}$; für unrunde Fasern wird k_1 höhere Werte annehmen, $k_1 \approx \frac{1}{2}$.

Da sich nach (48) eine Gerade ergeben muß, wenn man $h_{\text{korr.}}$ über $f(\varepsilon, k_1)$ aufträgt, hat man eine Möglichkeit, die geschätzten k_1-Werte zu verbessern. Auf diese Weise wurden die in Tabelle 1 angegebenen Werte für k_1 gefunden. Es ist zu erkennen, daß der Faktor k_1 stark von der Querschnittsform und der Oberflächenstruktur (Grobstruktur) der Fasern abhängig ist, wie es bereits oben vermutet wurde. Abweichung von der runden Querschnittsform führt zu höheren Werten für k_1. Die Schuppenstruktur der Wolle bedingt einen Wert $k_1 = 0{,}4$ gegenüber $k_1 = 0{,}2$ für runde Fasern mit glatter Oberfläche. Bei geometrisch regelmäßigen Querschnittsformen läßt das angenähert bestimmte Achsenverhältnis einen Schluß auf die Höhe von k_1 zu.

Anhand der Tabelle 1 ist unschwer der für den jeweils gegebenen Fall erforderliche Wert zu finden. Der Faktor k_1 ist unabhängig von der Stärke des Luftstroms. Im Rahmen der gewählten Faseranordnung im Faserpfropfen ist er in erster Linie für die jeweilige Querschnittsform der Fasern charakteristisch. Der Faktor k_1 soll daher als Formkonstante bezeichnet werden.

Für den Faktor k_2 lassen sich im Gegensatz zu k_1 keine allgemeingültigen Werte angeben. Der Faktor k_2 ist von der übermikroskopischen Oberflächenbeschaffenheit der Fasern abhängig. Da diese von vielerlei Herstellungsparametern beeinflußt wird, muß k_2 nicht nur für jede Faserart, sondern für jeden Produktionstyp gesondert bestimmt werden. Die Bestimmung er-

Tabelle 1. Formkonstante k_1

Faser-Querschnittsform	Beispiele	Schemabild	Achsenverhältnis (überschlägig)	k_1
Rund mit glatter Oberfläche	DEDERON, GRISUTEN, PeCe, CUPRAMA, CASHMILON		1 : 1	0,2
mit rauher Oberfläche	Wolle			0,4
Ellipsen- bis nierenförmig	Viskosefaser-T-Typ, Baumwolle		1 : 2	0,6
Bändchenförmig	DRALON		1 : 3,5	1,0
Unregelmäßig (Grundform rund)	WOLPRYLA		—	0,4
Unregelmäßig, gelappt	Viskosefaser		—	0,6
Dreikant	DEDERON-Hohlprofil		—	0,6
Unregelmäßig (bändchenförmig)	PRELANA T-Typ		—	0,8
Sternförmig	DEDERON-Profil		—	1,0

folgt unter Benutzung der nach k_2 aufgelösten Formel (47):

$$k_2 = \frac{g \cdot \varrho_{\text{Fl}} \cdot F_0 \cdot T_t \cdot h_{\text{korr.}}}{\eta \cdot L_0 \cdot \varrho \cdot Q_s} \cdot \frac{1}{f(\varepsilon, k_1)}. \tag{49}$$

Es bleibt noch zu sagen, wie man vom abgelesenen Manometerstand h zu $h_{\text{korr.}}$ gelangt. Aus (44) erhält man durch Einsetzen von (46) und der entsprechenden Beziehung für Δp

$$h_{\text{korr.}} = h \sqrt{\frac{(p_a - \varrho_{\text{Fl}} \cdot g \cdot h)\, T_0}{p_0 \cdot T}}. \tag{50}$$

Für den praktischen Gebrauch empfiehlt es sich, unter Verwendung eines mittleren Wertes p_a die Umrechnung tabellarisch vorzunehmen.

Diskussion und experimentelle Überprüfung der gefundenen Beziehung

Es wurde anfangs das Ziel gesetzt, aus (3) eine für die Feinheitsbestimmung brauchbarere Beziehung als (1) zu entwickeln. Vergleicht man das Ergebnis der bisher erhaltenen Ableitung in der Form (40) mit der nach Δp aufgelösten Beziehung (1) von *Hertel*

$$\Delta p = \frac{k \cdot \eta \cdot Q \cdot L_0 \cdot o^2}{F_0} \cdot \frac{(1-\varepsilon)^2}{\varepsilon^3}, \tag{51}$$

so erkennt man folgende Unterschiede:

Anstelle der spezifischen Oberfläche o konnte direkt die Faserfeinheit eingeführt werden. Das unbefriedigende Planimetrieren von Faserquerschnittsaufnahmen wird umgangen, indem mit dem Durchmesser der entsprechenden runden Fasern gerechnet wird. Dadurch ergibt sich z. B. für Celluloseregeneratfasern mit gelapptem Querschnitt ein anderes k_1 als für Regeneratfasern mit rundem Querschnitt.

Während k_2 der „Konstanten" k in (51) entspricht, mußte k_1 im Verlauf der elementaren Betrachtung des Strömungsverlaufes neu eingeführt werden. Dabei ergab sich auch die Porositätsfunktion $f(\varepsilon, k_1)$ (37). Sie ist gegenüber dem vergleichbaren Term $\frac{(1-\varepsilon)^2}{\varepsilon^3}$ in (51) zwar komplizierter, jedoch bereitet sie bei Verwendung geeigneter Hilfsmittel (Nomogramm) keine Schwierigkeiten, da die Konstanten k_1 nicht ermittelt zu werden brauchen, sondern für die verschiedenen Faserquerschnittsformen festliegen.

Bevor auf die praktische Bestimmung der Faserfeinheit eingegangen wird, soll die abgeleitete Beziehung kritisch untersucht werden. Für eine experimentelle Kontrolle eignet sich am besten Gleichung (47). Hält man dort auf der rechten Seite bis auf jeweils eine Größe alle anderen konstant, so gewinnt man folgende Proportionalitätsgleichungen, mit deren Hilfe man die Gültigkeit von (47) überprüfen kann:

$$h_{\text{korr.}} \sim Q_s, \tag{52}$$

$$h_{\text{korr.}} \sim L_0 \quad (\varepsilon = \text{konst.}) \tag{53}$$

Für den Zusammenhang zwischen $h_{\text{korr.}}$ und der Porositätsfunktion $f(\varepsilon, k_1)$ erhält man nach *Kittelmann* [10] zwei Beziehungen, da die Porosität nach (2) selbst von mehreren Größen abhängig ist. Variiert man einmal die Probemasse M, zum anderen die Meßkammerhöhe L_0, so erhält man

$$h_{\text{korr.}} \sim f(\varepsilon, k_1) \quad (L_0 = \text{konst.}, M = \text{veränderlich}), \tag{54}$$

$$h_{\text{korr.}} \sim f(\varepsilon, k_1) \cdot L_0 \quad (M = \text{konst.}, L_0 = \text{veränderlich}). \tag{55}$$

Es ist besonders darauf hinzuweisen, daß in (55) das Produkt aus Porositätsfunktion und Meßkammerhöhe dem Druckabfall proportional sein muß, da L_0 selbst in (40) als Faktor erscheint. Bei der Probemasse M ist das nicht der Fall. M ist nur in Verbindung mit $f(\varepsilon, k_1)$ in (40) enthalten. Damit erklärt sich der Unterschied in der Formulierung von (54) und (55).

Für die folgenden Untersuchungen schreiben wir anstelle von (54)

$$h_{\text{korr.}} \sim f(\varepsilon, k_1) \cdot L_0 \, (L_0 = \text{konst.}, M = \text{veränderlich}). \tag{56}$$

Die Proportionalität wird dadurch nicht gestört, da L_0 in (54) konstant gehalten wurde. Wir erhalten aber die Möglichkeit der unmittelbaren Vergleichbarkeit von (55) und (56). In der graphischen Darstellung müssen beide Beziehungen ein und dieselbe durch den Nullpunkt gehende Gerade ergeben.

Tabelle 2. Ungarischer pneumatischer Feinheitsprüfer. Meßkammer-Abmessungen

Höhe [mm]	10,1
Durchmesser [mm]	25,45
Querschnittsfläche [mm²]	508,4
Volumen [mm³]	5135
Anzahl der Bohrungen der Bodenplatte	91
Anzahl der Bohrungen der Verschlußplatte	61
Durchmesser der Bohrungen [mm]	1,5
Querschnittsflächen-Verhältnis	
$F_{Bohrungen} : F_{Meßkammer}$ (Bodenplatte) [%]	31,7
$F_{Bohrungen} : F_{Meßkammer}$ (Verschlußplatte) [%]	21,2

Die experimentelle Überprüfung der Beziehungen (52), (53), (55) und (56) erfolgte am ungarischen Gerät für pneumatische Feinheitsmessung. Eine Beschreibung des Geräts mit einer Schaltskizze wurde von *Hünlich* [11] gegeben. Die wichtigsten Daten der Meßkammer können der Tabelle 2 entnommen werden.

Die Proportionalität zwischen dem Druckabfall und dem Luftstrom gemäß (52), die in der Literatur exakt bestätigt wurde [7, 8], ist auch beim ungarischen Feinheitsprüfgerät vorhanden. Allerdings verlaufen die Geraden, wie Bild 3 zeigt, nicht aus dem Ursprung heraus, sondern schneiden die Abszisse in einem Abstand vom Nullpunkt, der je nach Faserfeinheit und Einwaage (Porosität) $\Delta Q_s = (20 \text{ bis } 100)$ l/h betragen kann. Als Ursache für diese Erscheinung wird ein gewisser Druckverlust im Manometer angesehen. Eine Korrektur ist grundsätzlich möglich, wenn anstatt (52)

$$h_{\text{korr.}} \sim Q_s - \Delta Q_s \qquad (52\text{a})$$

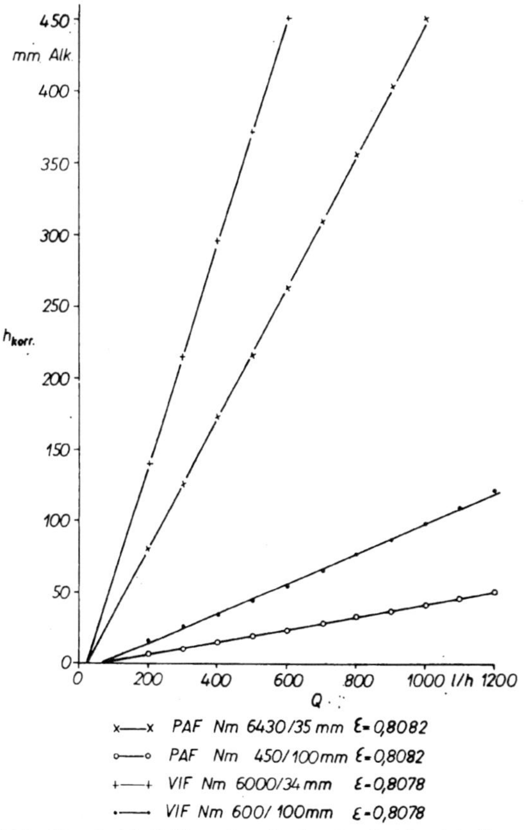

Bild 3. Druckabfall über der Probe in Abhängigkeit vom strömenden Luftvolumen

geschrieben wird. Da jedoch ΔQ_s nur unter Einhaltung bestimmter Prüfbedingungen konstant ist, wird eine Korrektur erschwert. Es bleibt den zukünftigen Standardisierungsarbeiten vorbehalten, ob die Abweichung vernachlässigt wird oder für bestimmte Prüfbedingungen verbindliche Korrekturwerte vorgegeben werden. Da im weiteren Verlauf dieser Arbeit Q_s konstant gehalten wurde, durfte auf eine Korrektur gemäß (52a) verzichtet werden.

Die Überprüfung der Beziehung (53) führte zu Ergebnissen, die in Bild 4 dargestellt sind. Die bei unterschiedlichem Q_s und ε als Parameter erhaltenen Meßwerte lassen sich zwar einandfrei durch Geraden verbinden, jedoch münden diese nicht im Ursprung, sondern im Punkt P (— 2,0). Als Ursache für die Abweichung vom erwarteten Kurvenverlauf wurde die zu geringe Querschnittsfläche der Bohrungen in der Boden- und Verschlußplatte der Meßkammer erkannt. Vergrößert man nämlich die Bohrungen der Lochplatten, so rückt der Punkt P nach rechts, und man nähert sich einem der Beziehung (53) entsprechenden Kurvenverlauf. Das Verhältnis der Querschnittsflächen von Bohrungen und Meßkammer ist also eine charakteristische Größe für die Realisierbarkeit der Beziehung (53). Nach unseren Untersuchungen sollte das Verhältnis mindestens 40% betragen. Einen Einfluß der Größe der Bohrungen auf den Micronairewert hatte bereits *Hoffmann* [12] festgestellt. Will man Veränderungen an der Meßkammer vermeiden (z. B. bei handelsüblich erworbenen Geräten), so ist eine Korrektur der abgeleiteten Beziehungen erforderlich. Für das ungarische Gerät mit den Meßkammer-Abmessungen nach Tabelle 2 muß die Beziehung (53) lauten

$$h_{\text{korr., ung.}} \sim L_{0,\text{ ung.}} + \Delta L \qquad (57)$$

mit $\Delta L = 2$ mm (s. Bild 4).

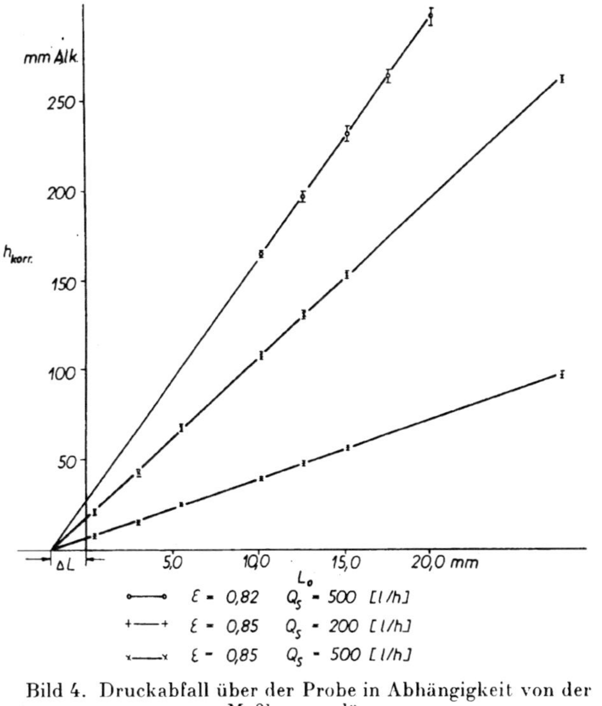

Bild 4. Druckabfall über der Probe in Abhängigkeit von der Meßkammerlänge

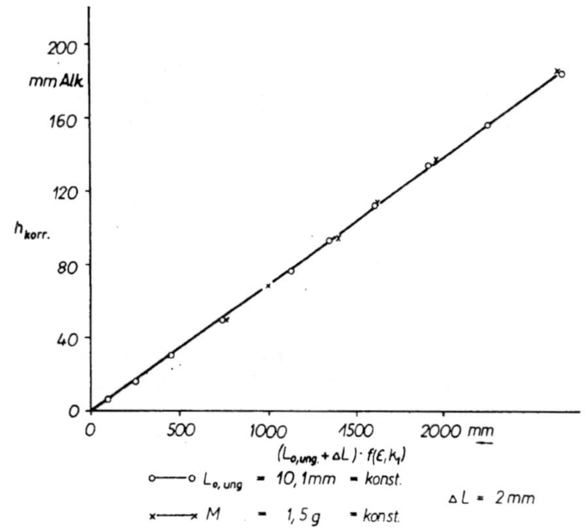

Bild 5. Druckabfall über der Probe in Abhängigkeit von der Porositätsfunktion

Entsprechend ändert sich (47)

$$h_{\text{korr., ung.}} = \frac{k_2 \cdot \eta \cdot Q_s\,(L_{0,\text{ung.}} + 2\ \text{mm}) \cdot \varrho}{g \cdot \varrho_{\text{Fl}} \cdot F_0 \cdot T_t}\, f(\varepsilon, k_1). \quad (58)$$

Auf Grund der gewonnenen Erkenntnis kann man bei der Überprüfung der Beziehungen (55) und (56) am ungarischen Gerät nur dann eine aus dem Ursprung heraus verlaufende Gerade erwarten, wenn man gleichfalls L_0 durch $L_{0,\text{ung.}} + 2$ mm ersetzt. Die daraufhin erhaltenen Ergebnisse, die in Bild 5 dargestellt sind, entsprechen voll den Erwartungen. Die Meßwerte beider Beziehungen lassen sich durch ein und dieselbe Gerade verbinden. Es ist demnach gleichgültig, auf welchem Wege man eine bestimmte Porosität erzielt: durch Variieren der Meßkammerhöhe oder der Probemasse oder schließlich auch durch Änderung beider Größen.

Damit ist die Überprüfung der Beziehung (47) abgeschlossen und ihre Gültigkeit für den allgemeinen Fall erwiesen. Für spezielle Geräteausführungen können sich Korrekturen erforderlich machen, wie z. B. beim ungarischen Gerät (58).

Feinheitsbestimmung mit dem ungarischen pneumatischen Gerät

Wie bereits ausgeführt, benötigt man für die Bestimmung der Feinheit den Faktor k_2 des jeweiligen Fasertyps. Es wurde dafür die Formel (49) angegeben. Für die praktische Verwendung ist es zweckmäßig, (49) in eine zugeschnittene Größengleichung umzuwandeln. Unter Verwendung der in Tabelle 3 angegebenen Gerätekonstanten und gewählten Prüfbedingungen ergibt sich die Gleichung

$$k_2 = 0{,}1295 \cdot \frac{1}{f(\varepsilon, k_1)} \cdot \frac{T_t/\text{tex} \cdot h_{\text{korr.}}/\text{mm}}{\varrho/\text{g/cm}^3}. \quad (59)$$

Da Gleichung (59) für das ungarische Gerät zugeschnitten ist, wurde anstelle von L_0 der Ausdruck $L_{0,\text{ung.}} + \Delta L$ gesetzt, wobei entsprechend den obigen Darlegungen $\Delta L = 2$ mm verwendet wurde.

In Tabelle 4 wird ein Überblick vermittelt, in welcher Größenordnung sich die unter den gewählten Prüfbedingungen ermittelten Konstanten k_2 bewegen. Sie wurden innerhalb jeder Faserstoffart für verschiedene Provenienzen ermittelt. Es ist zu erkennen, daß die k_2-Werte in einem verhältnismäßig engen Bereich liegen und sich für die verschiedenen Chemiefasern kaum unterscheiden. Auch für verschiedene Querschnittsformen, z. B. für runde und gelappte Cellulose-Regeneratfasern, wurden keine Unterschiede gefunden. Es ist anzunehmen, daß k_2 eine die übermikroskopische Oberflächenstruktur kennzeichnende Konstante darstellt. Das wird durch die Tatsache bekräftigt, daß Baumwolle, deren Oberfläche im elektronenmikroskopischen Bild im Gegensatz zu den anderen Faserstoffen stark zerklüftet erscheint, auch die höchsten k_2-Werte aufweist.

Tabelle 3. Prüfbedingungen

Erdbeschleunigung	g	$= 9{,}81\ \text{m/s}^2$
Dichte der Manometerflüssigkeit	ϱ_{Fl}	$= 0{,}79\ \text{g/cm}^3$
Dynamische Viskosität der Luft	η	$= 181 \cdot 10^{-6}\ \text{g/cm}\cdot s$
Querschnittsfläche der Meßkammer	F_0	$= 508{,}4\ \text{mm}^2$
Länge (Höhe) der Meßkammer	$L_{0,\text{ung}}$	$= 10{,}1$ mm
Durchströmende Luftmenge (eingestellter Skalenwert)	Q_s	$= 500$ l/h
Meßtemperatur	T	$= 293\,^\circ\text{K}$
Eichtemperatur des Rotamessers	T_0	$= 293\,^\circ\text{K}$
Eichdruck des Rotamessers	p_0	$= 760$ Torr
Äußerer Luftdruck (gewählter mittl. Wert)	p_a	$= 740$ Torr

Da k_2 von mehreren fehlerbehafteten Größen abhängig ist, empfiehlt es sich, jeweils mehrere Bestimmungen durchzuführen, um einen Mittelwert zu gewinnen. Insbesondere muß die in (59) benötigte Faserfeinheit möglichst genau ermittelt werden, da ihre Ermittlung — sie erfolgt am besten auf gravimetrischem Wege — praktisch einer Eichung gleichkommt.

Mit der Bestimmung von k_2 für den zu prüfenden Faserstofftyp sind die Voraussetzungen für die Feinheitsbestimmung mit der Luftstrommethode geschaffen. Man erhält aus (47) bzw. (49) die allgemeine Beziehung

$$T_t = \frac{k_2 \cdot \eta \cdot L_0 \cdot \varrho \cdot Q_s}{g \cdot \varrho_{\text{Fl}} \cdot F_0 \cdot h_{\text{korr.}}} \cdot f(\varepsilon, k_1), \quad (60)$$

Tabelle 4. Konstante k_2

Faserstoff	k_2
Cellulose-Regeneratfaser	0,024 ... 0,028
Polyamidfaser normal(-Sternprofil) } Polyamidfaser-Hohlprofil }	0,020 ... 0,024
Polyacrylnitrilfaser	0,022 ... 0,029
Polyesterfaser	0,020 ... 0,023
Polyvinylchloridfaser	0,021 ... 0,024
Wolle	0,017 ... 0,025
Baumwolle	0,029 ... 0,031

die nach Einsetzen der Werte der Tabelle 3 und unter Beachtung von $L_0 = L_{0,\,\text{ung.}} + 2$ mm folgende einfache Gestalt annimmt:

$$T_{t/\text{mtex}} = k_2 \cdot 7720 \cdot f(\varepsilon, k_1) \cdot \frac{\varrho/\text{g/cm}^3}{h_{\text{korr.}}/\text{mm}}. \quad (61)$$

Darin ist $h_{\text{korr.}}$ wieder nach (50) zu berechnen. Für $f(\varepsilon, k_1)$ empfiehlt es sich, ein Nomogramm mit k_1 als Parameter anzulegen.

Die Beziehung (61) läßt die Grenzen der Luftstrommethode erkennen. Da k_2 im allgemeinen Fall nicht bekannt ist und mit einem gewissen Aufwand für den jeweiligen Produktionstyp erst bestimmt werden muß, eignet sich die Methode vornehmlich in der Produktionskontrolle, wo bestimmte, in ihren Eigenschaften festliegende Fasertypen regelmäßig geprüft werden. Die genaue Bestimmung der Feinheit einer beliebigen einzelnen Faserprobe mit der Luftstrommethode ist bei Unkenntnis des genauen k_2-Wertes nicht möglich. Man kann lediglich einen Näherungswert erhalten, wenn man aus Tabelle 4 für jeden Faserstoff ein mittleres k_2 bildet und für die Rechnung verwendet.

Beeinflussung des Meßergebnisses

Neben den in Gleichung (60) direkt oder indirekt enthaltenen Größen können die allgemeinen Prüfbedingungen, wie Prüfklima, Probenbeschaffenheit, Probenvorbereitung und Durchführung der Prüfung, das Meßergebnis beeinflussen. Da zu diesem Themenkreis in der Literatur zahlreich berichtet wurde [12, 13, 14, 15] soll auf eine Wiederholung verzichtet werden. Es sei lediglich ergänzt, daß ein Einfluß der Faserlänge auf das Meßergebnis nicht festgestellt werden konnte.

Eine kurze Behandlung verdient aber noch die Art des Einlegens der Probe in die Meßkammer, da sich hierbei beträchtliche Fehler ergeben können. Voraussetzung für ein einwandfreies Meßergebnis ist eine gleichmäßige Packungsdichte im Faserpfropfen. Die Pakkungsdichte ist aber im allgemeinen unterschiedlich; sie ist am Boden der Meßkammer geringer als hinter der Verschlußplatte, da sich der beim Schließen ausgeübte Druck nicht ohne Verlust durch die Probe fortpflanzt. Je länger die Meßkammer im Vergleich zu ihrem Durchmesser ist und je größer die Porosität des Pfropfens, desto größer wird der Unterschied. Als Folgeerscheinung wurden bis zu 20% niedrigere Meßwerte (h_{korr}) festgestellt.

Zur Vermeidung des Fehlers kann folgender Hinweis gegeben werden: Vor dem Schließen der Meßkammer wird die Probe in der Meßkammer auf eine Länge (Höhe) zusammengedrückt, die kleiner als die Meßkammerlänge (-höhe) ist. Nach Entlastung dehnt sich der Faserpfropfen wieder aus; die inneren Lagen verbleiben jedoch unter einem gewissen Druck, so daß nach Schließen der Meßkammer die Druckunterschiede gering sind. Außerdem empfiehlt es sich, die Probe in mehreren Teilen einzufüllen und jeweils gründlich zusammenzudrücken. Bei den Meßkammerabmessungen des ungarischen Geräts genügt es, die Probe in zwei Teilen einzulegen.

Auf Grund der Erfahrungen mit diesem Gerät sei noch darauf hingewiesen, daß es auch zu Fehlmessungen kommen kann, wenn beim Schließen der Meßkammer das Verschlußstück eine Drehung erfährt und die darunter befindlichen Fasern eine dementsprechend orientierte Lage einnehmen.

Zusammenfassung

Als Grundlage für die pneumatische Feinheitsbestimmung von Fasern wurde eine neue Beziehung für die Luftströmung durch Faserpfropfen abgeleitet. Sie gestattet den Vergleich der unter verschiedenen Prüfbedingungen — speziell bei verschiedener Einwaage — erhaltenen Meßwerte. Die Bestimmung der Feinheit ist von der Kenntnis zweier Konstanten abhängig, von denen die eine (k_1) die Querschnittsform der Fasern berücksichtigt, die andere (k_2) im Zusammenhang mit der übermikroskopischen Oberflächenstruktur steht.

Literatur

[1] *Fowler, J. L.*, and *Hertel, K. L.*, Gas Flow through Textile Fibre Plugs. J. appl. Physics **11** (1940) S. 496 bis 502.

[2] *Sullivan, R. R.*, und *Hertel, K. L.*, Air Flow through Glas Wool. J. appl. Physics **11** (1940) S. 761—765.
—, Surface per Gram of Cotton Fibres as a Measure of Fibre Fineness. Textile Res. **11** (1940/41) S. 30—38.

[3] *Carman, P. C.*, Die Strömung fließbarer Stoffe durch körnige Schichten. Trans. Inst. Chem. Eng. **15** (1937) S. 150—166; **16** (1938) S. 168.

[4] *Carman, P. C.*, Die Bestimmung der spezifischen Oberfläche von Pulvern. J. Soc. chem. Ind. **57** (1938) S. 225—234.
—, Die Bestimmung der spezifischen Oberfläche von Pulvern. II. J. Soc. chem. Ind. **58** (1939) S. 1—7.

[5] *Kozeny*, Wasserkraft u. Wasserwirtschaft **1** (1931) S. 67.

[6] *Cassie, A. B. D.*, The porous plug and fibre diameter measurement. J. Textile Inst. **33** (1942) S. T195—T204.

[7] *Lord, E.*, Air flow through plugs of textile fibres. Part I — General flow relations. J. Textile Inst. **46** (1955) S. T191—T213.

[8] *Bobeth, W.*, und *Heger, A.*, Zur exakten Bestimmung der spezifischen Oberfläche sowie der Feinheit von Faserstoffen im Luftstrom. Faserforsch. u. Textiltechn. **12** (1961) S. 261—268.

[9] *Dechant, J.*, Über die Verwendung von Schwebekörpermengenmessern bei der Bestimmung der Luftdurchlässigkeit textiler Flächengebilde. Faserforsch. u. Textiltechn. **7** (1956) S. 418—420.

[10] *Kittelmann, W.*, Möglichkeiten und Grenzen der Luftstromprüfung an Baumwolle. Textil-Praxis **16** (1961) S. 453—458.

[11] *Hünlich*, Neuer Wollfeinheitsprüfer mit Luftströmung. Textil- u. Faserstofftechn. **6** (1956) S. 347.

[12] *Hoffmann, M.*, Ursachen von Fehlmessungen am Micronaire. Textil-Praxis **14** (1959) S. 345—347.

[13] *Teich, R.*, Faserfeinheitsmessung mit dem pneumatischen Solex-Gerät. Melliand Textilber. **39** (1958) S. 1080 bis 1082.

[14] *Juilfs, J.*, Über einige Zusammenhänge zwischen Micronairewert und Strukturdaten bei der Prüfung von Baumwolle. Textil-Praxis **15** (1960) S. 356—359.

[15] *Lünenschloss, J.*, und *Iyer, B. V.*, Der Einfluß der relativen Luftfeuchtigkeit und Lufttemperatur auf den Micronairewert. Textil-Praxis **15** (1960) S. 565—568.

Eingegangen am 31. Juli 1963

Strukturuntersuchungen an Celluloseregeneratfäden mit chemischen Accessibilitätsmethoden

1. Mitteilung: Erkennung von Zellstoff- und Modifikatoreinflüssen auf die Struktur von Cordreyonfäden aus dem Quellungs- bzw. Löseverlauf in alkalischen Medien

Burkart Philipp, Josef Baudisch und Christian Ruscher
Deutsche Akademie der Wissenschaften zu Berlin, Institut für Faserstoff-Forschung in Teltow-Seehof

DK 677.062:677.463.021.13
539.216.1:539.388.8:541.8:548.734

Zur Erkennung von Zellstoff- und Modifikatoreinflüssen auf den übermolekularen Bau hochfester Celluloseregeneratfasern wurden an einer Reihe nach gleicher Spinntechnologie, aber unter Verwendung verschiedener Zellstoffe und Viskosezusatzmittel hergestellter Cordseiden die Ergebnisse von Röntgenuntersuchungen und chemischen Accessibilitätsbestimmungen (Löseverlauf bei einer Emulsionsxanthogenierung unter MW-Bedingungen, zeitlicher Verlauf der Längenänderung von Elementarfäden beim Quellen in EMNN unter Belastung) gegenübergestellt.

Исследования структуры гидратцеллюлозных нитей при помощи химических методов определения доступности. Сообщ. 1—ое: Влияние исходной целлюлозы и модификаторов вискозы на структуру кордных нитей, исходя из их поведения при процессах набухания и растворения в щелочной среде

Для установления влияния исходной целлюлозы и модификаторов вискозы на надмолекулярное строение высокопрочных гидратцеллюлозных волокон были получены образцы кордных волокон из различных целлюлоз в одинаковых технологических условиях формования при применении различных модификаторов. Результаты, полученные при исследовании образцов волокон рентгенографическим методом, сопоставлены с таковыми, полученными при определении доступности путем измерения растворимости при эмульсионном ксантогенировании с избытком сероуглерода и возрастающей концентрацией щелочи, а также удлинения элементарных нитей под нагрузкой в зависимости от времени набухания в щелочном железо-винном комплексе.

Structure Studies on Regenerated Cellulose Fibres by Chemical Accessibility Methods. 1st Comm.: Recognizing the Influences of Pulp and Modifiers on the Structure of Cord Reyon Fibres from the Rate of Swelling Respectively Dissolving in Alkaline Media.

To establish a possible influence of type of pulp and type of viscose additive on the supermolecular structure of high tenacity rayon, results of x-ray measurements and of accessibility determinations were compared and correlated, using a series of cord rayons manufactured by the same technology, but with different types of pulps and modifiers. Accessibility methods covered in this publication were: determination of solubility in emulsion xanthation with an excess of CS_2 and stepwise increasing concentration of NaOH, and of rate of swelling of monofilaments under load in EWNN.

1 *Einführung*

Die unterschiedlichen textilphysikalischen Eigenschaften der einzelnen Celluloseregeneratfasertypen sind in erster Linie auf einen verschiedenartigen übermolekularen Faserbau, d. h. eine verschiedenartige gegenseitige Anordnung der Celluloseketten zurückzuführen. Daneben können Unterschiede im DP und in der Kettenlängenverteilung eine Rolle spielen, die sich oft wiederum auch auf den übermolekularen Faserbau auswirken. Da andererseits die Viskosier- und vor allem die Spinnbedingungen den übermolekularen Bau entscheidend bestimmen, bilden Strukturuntersuchungen an Celluloseregeneratfasern eine wesentliche Voraussetzung zur Aufstellung und zum Verständnis von Korrelationen zwischen Parametern des technischen Spinnprozesses und textilen Daten der fertigen Faser.

Ohne die noch offene Frage des „Phasenzustandes der Cellulose" hier im einzelnen zu diskutieren, wird für die folgenden Betrachtungen von der Vorstellung eines „kontinuierlichen Spektrums von Ordnungszuständen" („lateral order spectrum" nach *Howsmon* und *Sisson* [1]) ausgegangen. Je nach der zur Strukturuntersuchung angewandten Methode wird entweder bei einem bestimmten Ordnungsgrad eine willkürliche Grenze gezogen und so eine Zweiteilung in einen „geordneten" (alles Material mit einem Ordnungsgrad oberhalb der Grenze) und einen „ungeordneten" (alles Material mit einem Ordnungsgrad unterhalb der Grenze) Anteil vorgenommen, oder aber eine fiktive „Aufteilung" des Präparates in eine größere Anzahl von „Fraktionen" steigenden Ordnungsgrades vorgenommen. Die erste Möglichkeit entspricht formal dem klassischen Zweiphasenmodell mit „kristallinen" und „amorphen" Bereichen, unterscheidet sich jedoch in der Grundvorstellung recht wesentlich von diesen, indem beim ursprünglichen Zweiphasenmodell ein absoluter, nur vom Präparat abhängiger „Kristallinitätsgrad" angenommen wurde, während eine vom kontinuierlichen Ordnungsspektrum ausgehende „Zweiteilung" den entscheidenden Einfluß der Meßmethode auf die Meßgröße „% geordneter Anteil" berücksichtigt (vergl. auch [12]). Die wichtigste Methode, bei der dieser Weg einer Differenzierung in „geordneten" und ungeordneten" Anteil vorgenommen wird, ist nach wie vor die Aufnahme und Auswertung eines Röntgenbeugungsdiagramms. Wenn auch hier die Aussagen naturgemäß auf die Bereiche mit hoher Ordnung beschränkt werden, zumindest was die Auswertung der diskreten Weitwinkelreflexe anbelangt, so bietet sich andererseits die Möglichkeit, für diese hochgeordneten Bereiche nicht nur den relativen Mengenanteil anzugeben, sondern diese durch ihre Orientierung in der Faserachse, sowie den Gittertyp (Cellulose II — Cellulose IV) und das Teilchengrößenäquivalent [2] eingehender zu charakterisieren. Die zweite Möglichkeit, nämlich die Festlegung eines Verteilungsspektrums der lateralen Ordnung durch eine größere Anzahl von Wertepaaren für Ordnungsgrad und zugehörigen Mengenanteil, läßt sich heute bei Celluloseregeneratfasern am ehesten mit Hilfe chemischer Accessibilitätsmethoden realisieren [3], bei denen entweder durch eine stufenweise Verschärfung der Reaktionsbedingungen Bereiche immer höheren Ordnungsgrades der Umsetzung zugänglich gemacht werden, z. B. bei Formylierung, N_2O_4-Oxydation, NaOH-Löslichkeit, oder aus der Geschwindigkeit von Abbau-, Quellungs- oder Lösevorgängen Rückschlüsse auf die Ordnungsverteilung möglich sind (Hydrolyse, Äthanolyse, EWNN-Quellung und -Lösung). Problematisch und in keinem Falle völlig voraussetzungsfrei möglich ist hier die Umrechnung der analytisch gemessenen Umsetzungsgrade bzw. Reaktionsgeschwindigkeiten in absolute „Zugänglichkeiten", vorteilhaft dagegen die Möglichkeit, eine Differenzierung hinsichtlich der Bereiche niederen und mittleren Ordnungsgrades zu erhalten, denen man einen recht großen Einfluß auf verschiedene textiltechnische Eigenschaften, wie das Ermüdungsverhalten, zuschreibt.

Nachdem heute bekannt ist, daß sowohl die Röntgenographie als auch chemische Accessibilitätsmethoden recht deutliche Strukturunterschiede zwischen normalen Reyonfäden und den nach einer Supercordtechnologie ersponnenen Fasern anzeigen [4, 5, 6, 34], war es das Ziel unserer eigenen Arbeiten festzustellen, ob auch innerhalb einer Serie nach der gleichen Technologie ersponnener Supercordseiden in Abhängigkeit vom eingesetzten Zellstoff- und Modifikatortyp strukturelle Unterschiede erkennbar sind. Zweckmäßig erschien uns dabei eine Kombination röntgenographischer Methoden zur möglichst eingehenden Charakterisierung der hochgeordneten Bereiche mit chemischen Accessibilitätsmethoden zur Differenzierung in den Bereichen geringen Ordnungsgrades. Unter den hier verfügbaren zahlreichen Methoden [6 bis 9] wählten wir — z. T. auf Grund früherer Erfahrungen an Zellstoffen [10] bzw. Vorversuchen an Celluloseregeneratfasern [9] die folgenden aus:

1. Bestimmung der Löslichkeitswerte bei einer Emulsionsxanthogenierung unter MW-Bedingungen (konstante hohe CS_2-Menge, stufenweise ansteigende NaOH-Konzentration), wobei sowohl die Gleichgewichtswerte wie auch der zeitliche Verlauf der Auflösung betrachtet wurde;
2. Verfolgung des zeitlichen Verlaufes der Längenänderung eines unter konstanter Belastung stehenden Celluloseregeneratfadens beim Quellen in EWNN-Lösung nach *Wünsch* [11];
3. Bestimmung der durch Veresterung mit 90%iger Ameisensäure bei ansteigender Temperatur nach verschiedenen Zeiten erreichten Umsetzunsgrade (Formylierung nach *Nickerson* [12] und *Marchessault* und *Howsmon* [3]);
4. Zeitlicher Verlauf von Gewichtsverlust und Rückstands-DP beim Abbau der Faser durch Äthanolyse, aufbauend auf die von *Šarkov* [13, 14] entwickelte Methode.

Im folgenden soll über die Röntgenstrukturuntersuchungen, sowie über die mittels Emulsionsxanthogenierung und EWNN-Quellung, also bei Lösung bzw. Quellung des Faserverbandes im alkalischen Medium, erzielten Ergebnisse berichtet werden, während die unter Erhaltung der Faserstruktur im sauren Medium durchgeführten Accessibilitätsbestimmungen durch Formylierung und Äthanolyse in einer zweiten Mitteilung behandelt werden.

2 *Charakterisierung und Vorbereitung des Probenmaterials*

Herangezogen wurde in erster Linie eine Serie von 14 Versuchscordseiden, die unter konstanten Viskosier- und Spinnbedingungen im Institutstechnikum ersponnen worden waren. Über die Herstellungsbedingungen wurde an anderer Stelle bereits berichtet [15]; die folgende Übersicht faßt nochmals die wichtigsten Parameter zusammen:

Alkalisierung: 18%ige NaOH 1 h bei 18°C
Zusammensetzung der Alkalicellulose: 35% Cellulose
15% NaOH
Vorreife: 24 h bei 15 bis 20°C je nach Zellstoff-DP
Sulfidierung: 42% CS_2 25 → 28 °C während 3 h
Lösen: 5 h bei 10 °C
Zusammensetzung der Viskose: 6,5% Cellulose
6,5% NaOH
Modifikatorzusatz: 1,7 g/l Viskose
Einfache Filtration:
Filterbelag: Nessel—Kalmuck
Nachreife: 15 bis 18 °H entsprechend $\gamma = 35$ bis 42
$\eta = 100''$
Spinnbadzusammensetzung: 70 g/l H_2SO_4
140 g/l Na_2SO_4
90 g/l $ZnSO_4$
Spinnbadtemperatur: 55 bis 60 °C
Verstreckung: 102 ± 10%
Temperatur des Verstreckungsbades: 90 bis 95 °C

Variiert wurden der Zellstofftyp (Fichtensulfitstoffe unterschiedlichen Veredelungsgrades, Vorhydrolysesulfatzellstoffe aus Fichte und Gumwood, Linterszellstoff) und der Modifikator, indem aus einigen typischen Cordzellstoffen sowohl Seiden ohne Modifikatorzusatz, als auch mit Zugabe von Cyclohexylamin bzw. Oxydwachs AN[1]) als Vertreter eines stickstofffreien Polyäthylenoxydproduktes hergestellt und verglichen werden. Außerdem zogen wir eine handelsübliche Super-III-Cord- sowie eine Normalkunstseide heran. Die hier interessierenden Kenndaten sind zusammen mit den textilen Prüfwerten in Tabelle 1 wiedergegeben.

Da gerade bei Quellungs- und Lösevorgängen in alkalischem Medium mit einem gewissen Einfluß nicht nur des DP, sondern auch der Kettenlängenverteilung der Seiden zu rechnen war, nahmen wir bei einigen Mustern eine Fällungsfraktionierung nach der Nitratmethode vor. Im Gegensatz zu einer ziemlich engen Verteilung bei dem handelsüblichen Super-III-Cord sowie bei dem aus Linters hergestellten Muster, stellten wir bei sämtlichen Versuchsseiden aus Holzzellstoffen eine verhältnismäßig breite Molekulargewichtsverteilung fest, wie aus der Gegenüberstellung in

[1]) Hersteller: VEB Chemische Werke BUNA.

Tabelle 1. Versuchscordseiden

Zellstoff Typ	Zellstoff α-Gehalt	Modifikator	DP der Seide (Cuoxam)	Textile Prüfwerte Trockenfestigkeit [Rkm]	Textile Prüfwerte Trockendehnung [%]
FiSi I heißveredelt	95,6	o. M. CHA PÄO	463 471 474	31,2 39,0 36,8	8,5 12,1 9,83
FiSi II heißveredelt	94,0	CHA	423	39,2	12,1
FiSi III unverdelt	89,2	CHA o. M.	397 405	29,1 26,6	10,4 9,3
FiSa I m. Vh.	95,5	o. M. CHA PÄO	470 491 475	33,9 37,1 34,5	9,6 11,6 9,5
FiSa II m. Vh.	97,7	CHA	414	40,0	14,8
Linters	98,0	CHA	407	35,2	13,3
Gumwood Sa. m. Vh.	97,8	CHA	469	40,0	11,2
Handelscord Super III	—	unbekannt	432	>40	—
normale Kunstseide	—	—	288	14,8	—

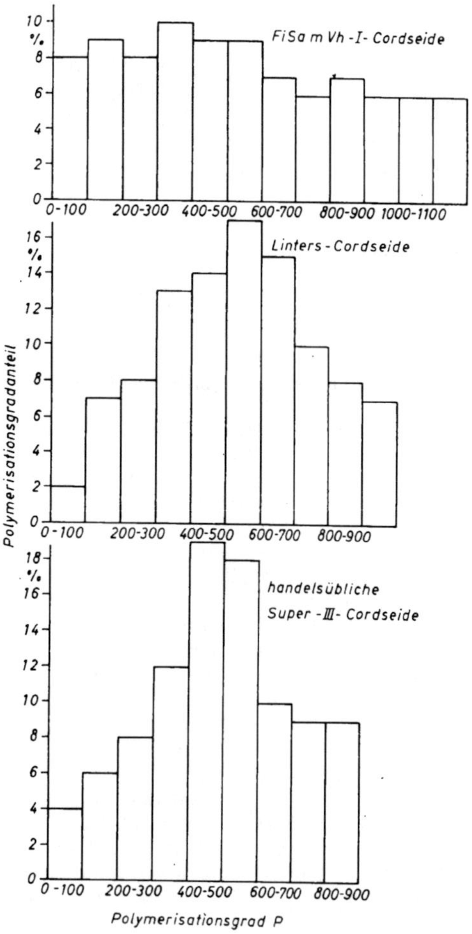

Bild 1. Prozentuale Anteile der ansteigenden Polymerisationsgrade in verschiedenen Cordseiden in Histogrammdarstellung

Bild 1 hervorgeht, das in Histogrammform die differentiellen Verteilungskurven des Super-III-Cords, des aus Linters, sowie des aus einem Vorhydrolysesulfatstoff (als Beispiel für drei weitere Muster aus Holzzellstoffen) hergestellten Seidenmusters zeigt.

Für sämtliche Untersuchungen wurden die Seiden entaviviert, jedoch nicht entschwefelt. Für die Emulsionsxanthogenierung wurden die lufttrockenen Fäden in einer Schlagkreuzmühle gemahlen und als Watte eingesetzt, selbstverständlich unter Berücksichtigung des Feuchtigkeitsgehaltes bei der Einwaage. Für die Quellungsmessung in EWNN und für die Röntgenuntersuchung wurden Elementarfäden ohne weitere Vorbehandlung verwendet.

3 *Röntgenuntersuchungen und ihre Ergebnisse*

3.1 *Aufnahmetechnik und Auswertemethodik*

Die Röntgenaufnahmen wurden mit folgender Anordnung angefertigt:

Cu—K_α-Strahlung,
Planfilmkamera, Langlochblende,
Abstand zwischen Präparat und Film 45 mm,
Fasern in einer Stäbchenform von 0,8 mm Durchmesser parallel angeordnet.

Die quantitative Auswertung der Röntgendiagramme erfolgte mit einem lichtelektrischen Registrierphotometer „Lirepho“ vom VEB ZEISS, Jena. Zur Bestimmung von Ordnungsgrad, Teilchengrößenäquivalent und Anteil an Cellulose IV wurde die Aufnahme längs des Äquators, zur Ermittlung des Orientierungswinkels dagegen strahlenförmig in Winkelintervallen von 2° bis 5° radial photometriert.

Zur Berechnung des „Ordnungsgrades“ [35] wurde die Höhe der Interferenz (101) auf die Summe der Höhen der Interferenzen (101) plus der Maximalhöhe des Untergrundes bezogen. Das Teilchengrößenäquivalent wurde — wie bereits beschrieben — aus der Halbwertsbreite der (101)-Interferenz erhalten [2]. Den Anteil an Cellulose IV ermittelten wir durch Intensitätsvergleich der (101)-Interferenzen von Cellulose II und Cellulose IV. Als Orientierungswinkel wurde wie üblich die halbe Halbwertsbreite der „Sichellänge“ von der (10$\bar{1}$)-Interferenz in Graden gemessen.

3.2 *Ergebnisse und Diskussion*

Die aus den Röntgenaufnahmen erhaltenen Daten sind in Tabelle 2 zusammengestellt.

Bei einem Meßfehler von etwa ± 1,5% liegt der Ordnungsgrad sämtlicher Cordseiden erwartungsgemäß signifikant niedriger als bei einer Normalkunstseide, während innerhalb der Gruppe der Cordseiden kaum Unterschiede auftreten. Lediglich die mit Cyclohexylamin modifizierte Cordseide aus FiSi III und die handelsübliche Super-III-Cordseide fallen mit ihren höheren Werten etwas heraus, und es ist allgemein bei den mit Cyclohexylamin modifizierten Mustern eine leichte Tendenz nach höheren Ordnungsgraden festzustellen im Vergleich zu entsprechenden unmodifizierten oder mit Polyäthylenoxydzusatz ersponnenen Proben.

Cellulose IV ist in allen nach einer Supercordtechnologie hergestellten Seiden vorhanden, unabhängig davon, ob mit oder ohne Modifikatorzusatz gearbeitet wurde. Legt man einen Meßfehler von etwa ± 2% für die Bestimmung zugrunde, so unterscheiden sich unsere Versuchsseiden im Cellulose IV-Anteil mit Ausnahme der Probe „FiSi I, unmodifiziert“ nicht voneinander und entsprechen durchaus dem Handelsmuster von Super-III-Cordseide, während in Normalkunstseide erwartungsgemäß keine Cellulose IV festzustellen ist.

Tabelle 2. Ergebnisse der Röntgenuntersuchung der Cordseiden

Zellstoff	Modifikator	Ordnungsgrad	Gehalt an Cell. IV [%]	Teilchengrößenäquivalent [Å]
FiSi I heißvered.	CHA	37,1	11	37
FiSi I heißvered.	o. M.	36,3	19	31
FiSi I heißvered.	PÄO	35,4	16	30
FiSi III unvered.	CHA	39,1	10	37
FiSi III unvered.	o. M.	36,8	12	37
FiSa m. Vh. I	CHA	36,2	10	33
FiSa m. Vh. I	o. M.	35,3	14	31
FiSa m. Vh. I	PÄO	36,1	11	32
Linters	CHA	34,9	13	33
Gumwood-Sa. m. Vh.	CHA	36,4	13	33
handelsüblicher Super-III-Cord	unbekannt	39,1	15	40
normale Kunstseide	—	44,7	0	58

Die Angaben für das Teilchengrößenäquivalent bestätigen den bekannten großen Unterschied [34] zwischen Normalkunstseide (58 Å) und Supercordseiden (30 bis 40 Å). Innerhalb der Gruppe der Versuchscordseiden weisen die unmodifizierten und die mit Polyäthylenoxyd modifizierten Proben im allgemeinen ein etwas kleineres Teilchengrößenäquivalent auf als die mit Cyclohexylamin modifizierten Muster. Auffallend ist der verhältnismäßig hohe Wert bei dem Handelsmuster von Super III-Cordseide. Ein Zusammenhang zwischen textilen Eigenschaften und Teilchengrößenäquivalent ist innerhalb der Supercordseidenmuster nicht festzustellen. Die auf Grund eines Vergleichs von Normalreyon und Supercordseide [34] allgemein vertretene Auffassung, wonach eine Verringerung der sogenannten „Kristallitgröße" zu verbesserten textilen Eigenschaften führt, trifft also offensichtlich nicht unbedingt zu, wenn man nach gleicher Spinntechnologie erhaltene Cordseidenmuster gegenüberstellt; sie bestätigt sich auch nicht beim Vergleich unserer Versuchsmuster mit der handelsüblichen Super-III-Cordseide, die bei sehr guten textilen Werten ein höheres Teilchengrößenäquivalent und auch einen ziemlich hohen Ordnungsgrad aufweist. Ein zahlenmäßiger Vergleich von Teilchengrößenäquivalenten bzw. sogenannter „Kristallitgrößen" ist allerdings auch insofern problematisch, als mit dieser Kenngröße zwei Parameter zugleich, nämlich Größe *und* Perfektion der gittergeordneten Bereiche, erfaßt werden.

Bei einer visuellen Auswertung der Röntgenaufnahmen ließen sich für die Cordseidenmuster kaum Unterschiede im Orientierungswinkel erkennen, während bei der Normalkunstseide die Sichellänge erwartungsgemäß viel größer war. Quantitatives Ausphotometrieren der bei visueller Betrachtung die deutlichsten Unterschiede liefernden Aufnahmen ergab bei einem Meßfehler von etwa $\pm$ 0,5° folgende Ergebnisse:

Visuell größte Sichellänge:

Muster „FiSa m. Vh. I, CHA"	α = 8,1°

Visuell kleinste Sichellänge:

Muster „FiSi I, CHA"	α = 6,8°
handelsüblicher Super-III-Cord	α = 8,6°
Normalkunstseide	α = 25°

Die bei unseren Versuchscordseiden gefundenen größten Orientierungsunterschiede liegen also gerade außerhalb der Fehlergrenzen der Methode und rechtfertigen damit keine weitere Diskussion im Hinblick auf Zellstoff- und Modifikatoreinflüsse, zumal beim Erspinnen der Proben auch gewisse Unterschiede in der Verstrekkung vorlagen (ca. $\pm$ 10%). Auch die Sichellänge des handelsüblichen Super-III-Cords weicht nicht signifikant vom oberen Extremwert unserer Versuchsserie ab. Allgemein ist festzustellen, daß die hier gemessenen Sichellängen höher liegen als die sonst in der Literatur (z. B. [29]) angegebenen Werte für Cordseiden, d. h. also, daß bei den hier untersuchten Proben eine verhältnismäßig geringere Orientierung festgestellt wurde. Möglicherweise könnte dies dem Einfluß des Schutzdralls bei der Bestimmung des Orientierungswinkels zugeschrieben werden.

4 Untersuchungen zur Emulsionsxanthogenierung von Celluloseregeneratfasern

4.1 Überblick über bereits vorliegende Veröffentlichungen

Seit der Einführung in die Celluloseanalytik durch *Jayme* [16] und *Bartunek* [17] wurden Rückstandsbestimmungen nach einer unter definierten Bedingungen vorgenommenen Emulsionsxanthogenierung vielfach herangezogen, um bei nativen Zellstoffen im Zusammenhang mit der Viskosierbarkeit Aussagen über den übermolekularen Faserbau zu erhalten [10, 18, 21], während zur Anwendung der Emulsionsxanthogenierung auf Celluloseregeneratfasern bisher verhältnismäßig wenig bekannt wurde. Im Rahmen ihrer systematischen Untersuchungen zur Emulsionsxanthogenierung verglichen *Samuelson* und *Gärtner* [19] das Verhalten mercerisierter und unmercerisierter Reyonproben unter MW-Bedingungen und stellten es kaltveredelten und unveredelten nativen Zellstoffen gegenüber. *Kyrklund* und *Sihtola* [20] zogen bei ihren Arbeiten zum MW-Verlauf kaltalkalibehandelter Zellstoffe ebenfalls Reyonproben mit heran und wiesen erneut darauf hin, daß Celluloseregeneratfasern unter MW-Bedingungen bereits bei weit niedrigerer NaOH-Konzentration völlig gelöst werden als native Zellstoffe, und daß außerdem die Lösekurve eines Cordreyons steiler verläuft als die einer normalen Kunstseide. *Nakao, Yamada* und *Migita* [21] untersuchten die lateral-order-Verteilung einer Reyonprobe, indem sie in Analogie zu einer für native Zellstoffe erarbeiteten Methodik den nach einer Methanolyse verbleibenden Rückstand mit steigender KOH-Konzentration bei konstantem CS_2-Einsatz xanthogenierten und die Löserückstände ermittelten.

4.2 Zur Versuchsführung und Auswertemethodik

Es wurden sowohl Endwerte der Löslichkeit unter MW-Bedingungen nach 6 h Reaktionsdauer ermittelt, als auch der zeitliche Verlauf des Lösevorganges verfolgt. Bei der Durchführung der Emulsionsxanthogenierung und der titrimetrischen Bestimmung der gelösten Mengen hielten wir uns an die früher hier entwickelte Arbeitsvorschrift [10]. Zur Aufnahme der „MW-Gleichgewichtskurven" (Endwerte der Löslichkeit nach 6 h) mußten natürlich niedrigere NaOH-Konzentrationen vorgegeben werden als bei Zellstoffen, da der Steilanstieg der Lösekurven bei Celluloseregeneratfasern zwischen 2 und 4% NaOH erfolgt gegenüber 7 bis 10% bei nativem Material. Abweichend von unseren an nativen Zellstoffen gesammelten Erfahrungen erwies sich bei Celluloseregeneratfasern eine sorgfältige Temperaturkonstanthaltung als unbedingt notwendig, um reproduzierbare MW-Kurven zu erhalten. Während für native Stoffe bei + 10 und + 30°C innerhalb der Fehlergrenzen der Methodik dieselbe MW-Gleichgewichtskurve erhalten wurde, zeigt Bild 2 am Beispiel einer cyclohexylaminmodifizierten Cordseide aus FiSi III, daß bereits eine Temperaturerhöhung um 3°C die MW-Kurve signifikant zu höheren NaOH-Konzentrationen verschiebt und gleichzeitig flacher verlaufen läßt. Ähnliche Unterschiede in der Temperaturabhängigkeit der Löslichkeit waren bereits früher von uns beim Behandeln nativer und regenerierter Cellulosepräparate mit zinkathaltiger Natronlauge beobachtet worden [22]. Offenbar kommt bei Celluloseregeneratfasern eine mit sinkender Temperatur zunehmende Quellung und Löslichkeit ungestörter zur Geltung als bei nativen Fasern, bei denen der Quellungsvorgang durch die morphologische Struktur (Primärwand bzw. S_I-Schicht) mehr oder weniger gehemmt wird. Der Einfluß des DP

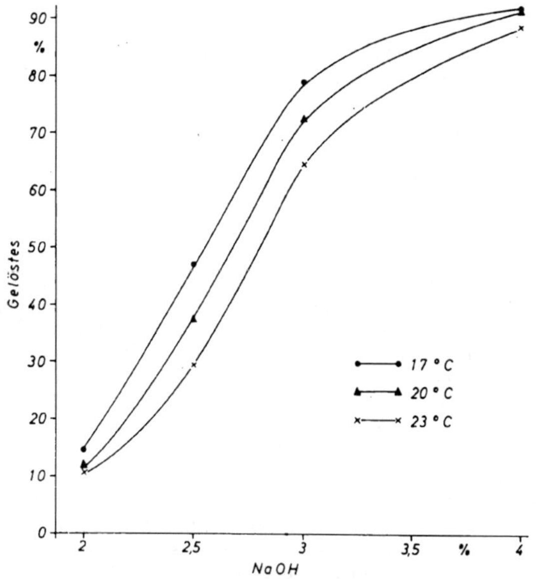

Bild 2. Temperaturabhängigkeit des Löseverlaufs einer cyclohexylaminmodifizierten Cordseide aus FiSi III

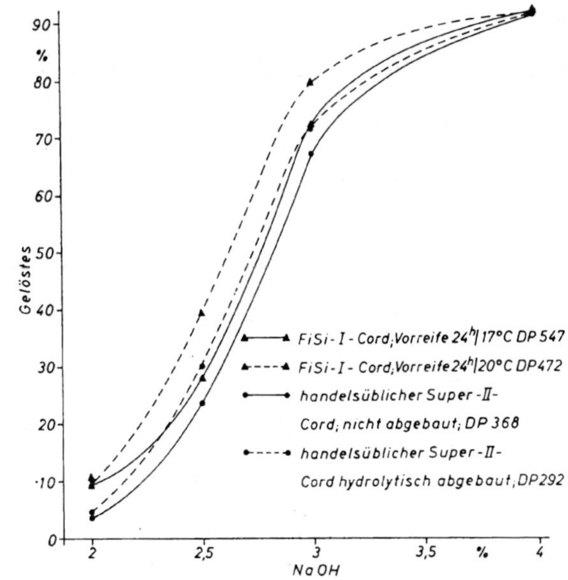

Bild 3. Einfluß des DP auf den Löseverlauf der Cordseiden

dagegen auf die Lage der MW-Kurven von Celluloseregeneratfasern entsprach durchaus dem bei nativen Proben beobachteten; entsprechend Bild 3 tritt mit sinkendem DP eine Verschiebung zu niedrigerer NaOH-Konzentration ein, während die Steilheit des Anstiegs (Intervallbreite) annähernd konstant bleibt. Zur Erfassung struktureller Einflüsse mittels MW-Kurve ist also auch bei Celluloseregeneratfasern eine Gegenüberstellung von Proben mit annähernd gleichem DP erforderlich. Für eine zahlenmäßige Charakterisierung der MW-Gleichgewichtskurve erwies sich bei Celluloseregeneratfasern die Angabe von „c_{75}“ (NaOH-Konzentration bei 75% gelöstem Anteil) und „ΔMW_{25}^{90}“ (Intervallbreite in % NaOH zwischen 25 und 90% gelöstem Anteil) zweckmäßiger als die bei nativen Zellstoffen benutzte Größe „c_{50}“ und „ΔMW_{15}^{95}“, da Unterschiede in den Lösekurven bei Celluloseregeneratfasern vor allem im oberen Teil, also bei hohen Löslichkeiten, auftraten. Eine „Geradelegung“ der MW-Kurven nach der von *Nakao* [23] angegebenen „dissolved distance“-Methode war bei Celluloseregeneratfasern auch innerhalb eines engen Bereiches der NaOH-Konzentration nicht möglich; die Auflösung vollzieht sich hier also noch viel weniger in Form eines „Abschälvorganges“ als bei nativen Zellstoffen.

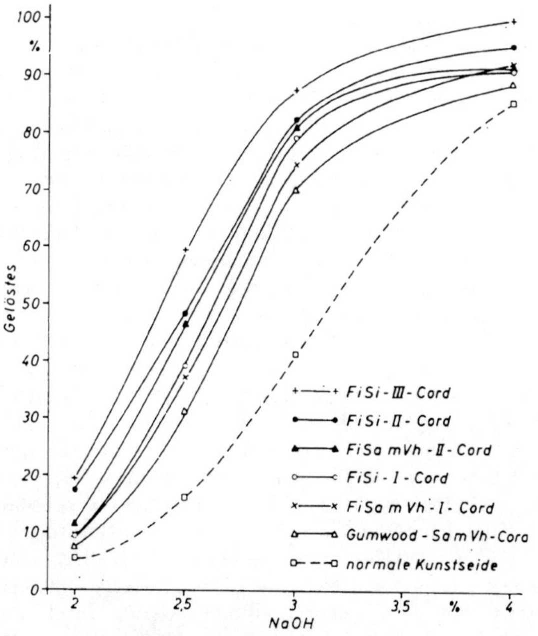

Bild 4. Einfluß des Zellstoffs auf den Löseverlauf cyclohexylaminmodifizierter Cordseiden

4.3 *Ergebnisse und Diskussion*

Die MW-Kurven nach 6 h Reaktionszeit verlaufen bei allen Cordseidenmustern einschließlich des handelsüblichen Super-III-Cord wesentlich steiler als bei der normalen Kunstseide und sind gleichzeitig nach niedrigeren NaOH-Konzentrationen verschoben (Bild 4), obwohl auf Grund der DP-Werte (DP 400 bis 500 für die Cordseiden, DP $\sim$ 290 für die Normalkunstseide) gerade das Umgekehrte zu erwarten wäre. Strukturelle Unterschiede bei Celluloseregeneratfasern sind also aus den MW-Kurven durchaus zu erkennen. Innerhalb der Gruppe der Cordseiden unterschieden sich die MW-Kur-

Tabelle 3. MW- und c_{75}-Werte cyclohexylaminmodifizierter Cordseiden aus verschiedenen Zellstoffen

Ausgangszellstoff	DP	Δ MW	c_{75}
FiSi III	397	0,98	2,70
FiSi II	423	1,10	2,83
FiSi I	471	1,25	2,90
FiSa I m. Vh.	491	1,32	2,98
FiSa II m. Vh.	414	1,35	2,88
Linters	407	1,35	3,00
Gumwood-Sa. m. Vh.	469	1,48	3,10
Kunstseide	288	1,50	3,70

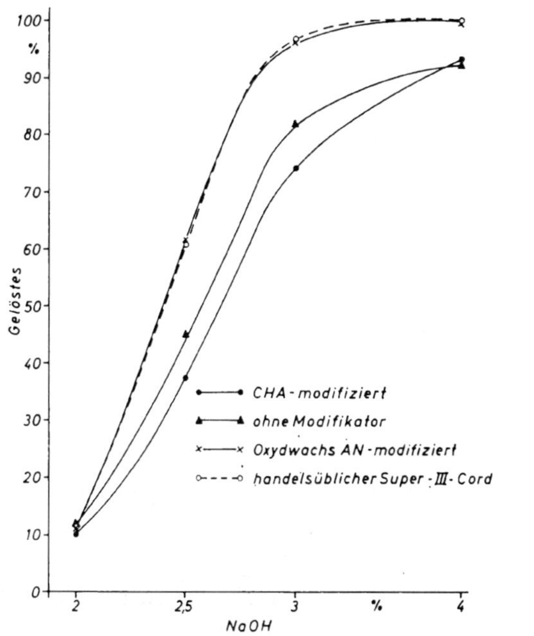

Bild 5. Einfluß des Modifikators auf den Löseverlauf von Cordseiden aus FiSa m. Vh I

ven verhältnismäßig wenig, doch kann in Anbetracht der sehr guten Reproduzierbarkeit unserer Messungen (mittlere Abweichung bei Doppelbestimmung ~ 1,6%) ein Einfluß des Modifikatortyps, wie auch — im Falle cyclohexylaminmodifizierter Proben — der Zellstoffart als gesichert angesehen werden. Entsprechend dem in Bild 4 gezeigten Beispiel gehen cyclohexylaminmodifizierte Cordseiden aus Sulfitzellstoffen stets leichter in Lösung als vergleichbare Muster aus Vorhydrolysesulfatzellstoffen oder Linters. Tabelle 3 belegt dies anhand der bei einer größeren Anzahl cyclohexylaminmodifizierter Corde gefundenen Werte für ΔMW und c_{75}.

Bei unmodifizierten oder mit Zusatz von Oxydwachs AN hergestellten Seidenarten ist dagegen ein Zellstoffeinfluß auf den MW-Verlauf nicht klar zu erkennen, allerdings wurden hier nur verhältnismäßig wenige Proben untersucht. Eine Abhängigkeit des MW-Verlaufs vom Modifikatortyp besteht insofern, als cyclohexylaminmodifizierte Corde stets höhere c_{75}- und ΔMW-Werte aufwiesen als unmodifizierte, nach gleichem Verfahren gesponnene Proben, während die Kurven für AN-modifizierte Proben entweder denen für unmodifizierte entsprechen oder sogar zu noch niedrigeren Laugenkonzentrationen verschoben sind und noch steiler verlaufen (vgl. Bild 5). Die Kurve des handelsüblichen Super-III-Cords erwies sich als praktisch identisch mit der eines Oxydwachs-AN-modifizierten Musters aus Fichte-Vorhydrolysesulfatstoff. Während eine stärkere Alkalicellulosevorreife infolge des DP-Abbaus die erwartete Verschiebung der MW-Kurve zu niedrigerer Laugenkonzentration bewirkt, war ein Einfluß des Nachreifezustandes der Spinnviskose auf die MW-Kurve der Seide in keinem Falle festzustellen; hierdurch möglicherweise hervorgerufene Strukturunterschiede sind also mit der MW-Methode nicht zu erfassen.

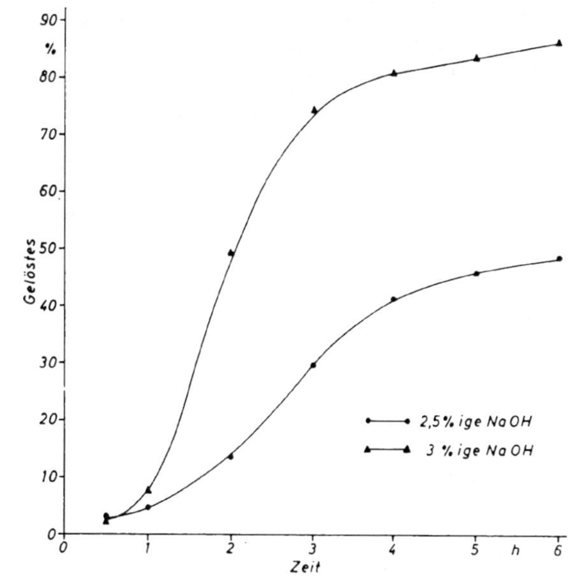

Bild 6. Zeitlicher Verlauf der Auflösung einer unmodifizierten Cordseide FiSa m. Vh I

Den zeitlichen Verlauf der Auflösung einer Cordseide unter MW-Bedingungen zeigt Bild 6. Bemerkenswert ist das im Vergleich zu Holzzellstoffen stark verzögerte Einsetzen des Lösevorganges. Während bei nativen Sulfit- und Vorhydrolysesulfatstoffen während der ersten 30 min Reaktionszeit die Lösegeschwindigkeit am größten war, erfolgt hier die Auflösung am raschesten in der zweiten bzw. dritten Stunde Reaktionszeit. Hinsichtlich einer Erkennung struktureller Unterschiede (Zellstoff- und Modifikatoreinflüsse) bei Cordseiden ergaben diese kinetischen Untersuchungen jedoch gegenüber der Lösekurve nach 6 h Reaktionszeit keine neuen Gesichtspunkte, ebensowenig wie eine Verfolgung der Anfangsgeschwindigkeit (30 min-Werte) bei steigenden NaOH-Konzentrationen von 6 bis 14%, die in allen von uns untersuchten Fällen bei 8 bis 10% NaOH ein praktisch 100%iger Auflösung entsprechendes Maximum durchlief.

5 Untersuchungen zum Quellungsverhalten von Celluloseregeneratfasern in EWNN

5.1 Einige Bemerkungen zur Zielsetzung und Methodik

Zur Beurteilung von Ordnungszustand und Orientierung in Celluloseregeneratfasern wurde in letzterer Zeit verschiedentlich die Längenänderung der Fäden in einem quellenden Medium herangezogen, wobei entweder Kraftdehnungs-Kurven in dem betreffenden Quellmittel aufgenommen oder zeitlicher Verlauf bzw. Endwert der Längenänderung bei konstanter Belastung in Medien unterschiedlicher Lösekraft verfolgt wurden. So nahmen *Farrow* [24] und *Mitsuishi* [25 bis 28] Kraft-Dehnungs-Diagramme verschiedener Reyonproben in NaOH steigender Konzentration bzw. in Wasser auf. *Jackson* und *Sandig* [5], *Centola* [29] und *Pakšver* [30] beobachteten die Längenänderung in NaOH verschiedener Konzentration bei verschiedenen Reyoncordseiden, wobei von *Centola* vor allem auf den Einfluß des Cellulose-IV-Anteils auf das Quellungsverhalten hingewiesen wurde, während *Pakšver* an dem zeitlichen Verlauf von Kontraktion und anschließender Längung Rückschlüsse auf Größe und Verteilung zwischenmolekularer Bindungen in der Faser zieht. Von *Wünsch* und *Hoffrichter* [11] wurde erstmals der zeitliche Verlauf der Längenänderung von Elementarfäden in EWNN untersucht, wobei für eine Reihe handelsüblicher Cordseiden verschiedener Provenienz recht unterschiedliche Kurvenverläufe erhalten wurden. Aus den hier referierten Arbeiten geht übereinstimmend hervor, daß diese Methodik ziemlich empfindlich auf strukturelle Unterschiede gerade auch in den weniger geordneten Bereichen anzusprechen scheint. Jedoch standen bisher vorwiegend methodische Fragen im Vordergrund, und es wurden meist handelsübliche Celluloseregeneratfaserproben sehr unterschiedlicher und meist nicht näher definierter Herstellungsbedingungen verglichen und nur der Einfluß der Verstreckung bzw. Orientierung systematisch untersucht. Demgegenüber zogen wir eine größere Serie nach gleichem Verfahren mit gleicher Verstreckung von 102 ± 10% ersponnener Cordseiden heran, die sich im röntgenographischen Orientierungsfaktor praktisch nicht unterschieden, und prüften an diesen nach Herstellung und Vorgeschichte wohl definierten Proben den Einfluß von Zellstoffart und Modifikatortyp auf den Verlauf der Längenänderung in EWNN.

Die von *Wünsch* und *Hoffrichter* [11] entwickelte Arbeitsvorschrift wurde weitgehend übernommen. Die Herstellung der EWNN-Lösung erfolgte nach *Edelmann* und *Horn* [31]. Da frisch bereitete Lösungen zunächst in ihrer Lösekraft mit der Zeit merklich abnahmen (vergl. Bild 7), wurde zur Verbesserung der Reproduzierbarkeit die Lösung stets mindestens zwei Wochen gealtert. Zur Quellungsmessung diente ein zylindrisches Doppelmantelgefäß, das eine Thermostatierung der Lösung auf ± 0,1 grd ermöglicht, wobei zumeist bei 20 °C gearbeitet wurde. Die entavivierten lufttrockenen Elementarfäden wurden mit Hilfe einer kleinen Wachsperle an einem Glasbügel befestigt und bei einer Einspannlänge von 135 ± 5 mm mit einem Platinblech von 82,3 mp entsprechend 40 ± 1 mp/den belastet, indem der Faden zwischen das zusammengefaltete Blech geklemmt wurde. Eine konstante Belastung bei allen untersuchten Mustern wurde gewählt, nachdem Durchmesserbestimmungen mittels Okularmikrometer gezeigt hatten, daß bei Berücksichtigung der Titerschwankungen innerhalb eines Musters keine signifikanten Unterschiede im Fadendurchmesser zwischen den einzelnen Seiden vorlagen. Anfangslänge und Längenänderung der Fäden wurden mit einem Kathetometer verfolgt, wobei nach Eintauchen des Fadens in die EWNN-Lösung zunächst alle 1 bis 2 min, später alle 5 bis 10 min abgelesen wurde, bis zu einer maximalen Quelldauer von 140 min, falls der Faden nicht vorher riß.

5.2 Meßergebnisse und deren Auswertung

Die Auswertung der Messungen in EWNN erfolgte entsprechend Bild 7 bis 9 durch Auftragen der Längenänderung in Prozent der Ausgangslänge gegen die Quellungsdauer. Bild 7 zeigt zunächst an zwei verschiedenen Cordseiden den beträchtlichen Einfluß der Meßtemperatur und des Alterungszustandes der EWNN-Lösung, indem der ganze Quellungsverlauf bei frischer Lösung bzw. bei höherer Temperatur auf einen kürzeren Zeitraum zusammengedrängt wird. Bei sämtlichen Cordseiden einschließlich des handelsüblichen Super-III-Cordes erfolgt zunächst eine Kontraktion um 10 bis 25% und dann nach Durchlaufen eines Minimums eine Längenzunahme bis über die Ausgangslänge hinaus, bis schließlich der Faden abreißt. Ganz anders verhält sich eine normale Kunstseide (Bild 7), indem hier anstelle einer Kontraktion sofort eine gewisse Längung stattfindet, die dann über etwa 20 min konstant bleibt, um anschließend bis zum Reißen des Fadens annähernd linear weiter anzusteigen. Offensichtlich kommt das Minimum der Fadenlänge bei den Cordfasern durch zwei

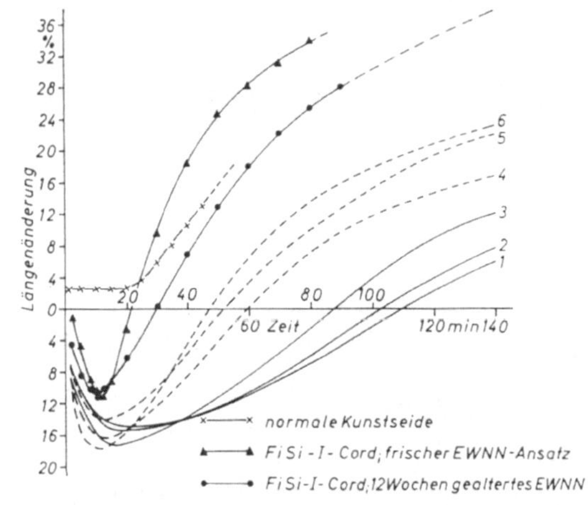

Bild 7. Einfluß der Temperatur und des EWNN—Alterungszustandes auf den zeitlichen Verlauf der Längenänderung verschiedener Cordseiden

Kurven 1; 2; 3: Einzelmessungen des handelsüblichen Super-III-Cord bei 20 °C

Kurven 4; 5; 6: Einzelmessungen des handelsüblichen Super-III-Cord bei 25 °C

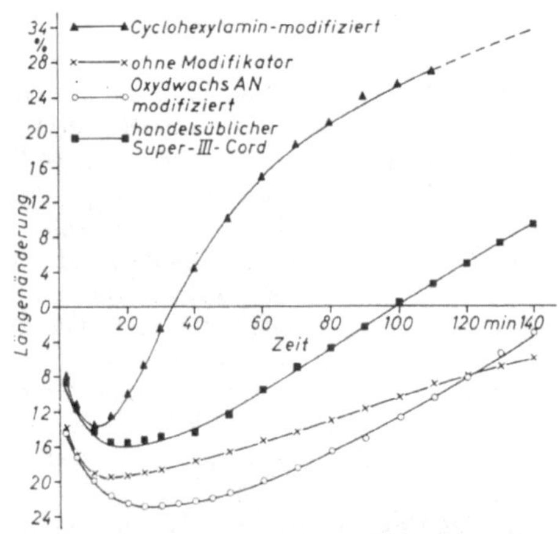

Bild 8. Einfluß des Modifikators auf den zeitlichen Verlauf der Längenänderung einer Cordseide aus FiSa m. VhI in EWNN

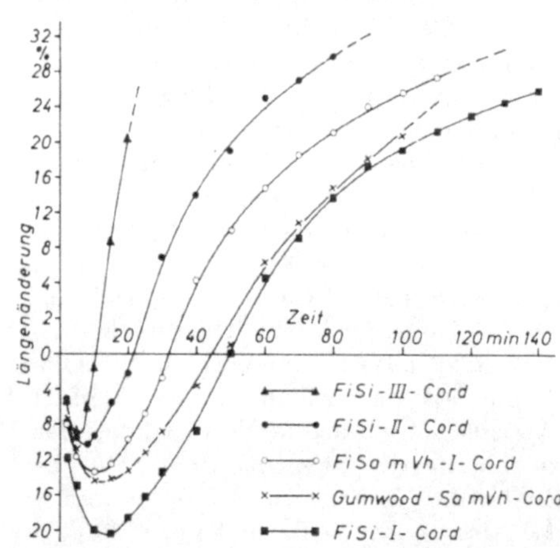

Bild 9. Einfluß des Zellstoffs auf den zeitlichen Verlauf der Längenänderung cyclohexylaminmodifizierter Cordseiden in EWNN

gegenläufige Faktoren zustande: Einerseits tritt zu Beginn der Quellung eine Relaxation innerer Spannungen im Faden ein, die natürlich bei den hoch verstreckten und hoch orientierten Proben besonders groß ist, und es erfolgt eine Kontraktion, andererseits führt der Quellungs- und Lösevorgang unter Belastung zu einem allmählichen Abgleiten der Ketten unter Lösung von Haftpunkten. Bei der wenig orientierten Normalkunstseide spielt der erste Faktor nur eine recht untergeordnete Rolle, und es tritt daher sofort eine Längung ein. Bild 7 vermittelt zugleich einen Eindruck von der in allen Fällen nicht besonders guten Reproduzierbarkeit der Einzelmessungen, wobei wir diese Streuung in erster Linie auf Schwankungen im Einzelfadendurchmesser innerhalb der einzelnen Cordseidenmuster zurückführen. Am Rande sei erwähnt, daß in Übereinstimmung mit früheren Feststellungen von *Berestnev* [32] diese Titerschwankungen bei einer aus unveredeltem FiSi III hergestellten Cordseide mit niedrigen textilen Daten größer waren als bei einer Seide aus dem hochgezüchteten Gumwood-Sulfatstoff mit hohen Festigkeitswerten.

Trotz dieser Abweichungen im Verlauf der Quellungskurven bei Parallelbestimmungen am gleichen Muster lassen sich unter Zugrundelegung von Mittelwerten aus 3 bis 6 Einzelmessungen gesicherte Unterschiede zwischen den einzelnen Cordseiden erkennen. Entsprechend Bild 8 fällt dabei vor allem ein ausgeprägter „Modifikatoreinfluß" auf, der unabhängig vom Zellstofftyp in allen Fällen zu beobachten ist. Bei allen mit Cyclohexylamin modifizierten Seiden wird das Längenminimum verhältnismäßig rasch durchlaufen, und es setzt dann eine schnelle und starke Längung ein, die erst nach 50 bis 60 min etwas langsamer wird. Die verschiedenen Seiden reißen dann zu recht unterschiedlichen Zeiten ab. Bei unmodifizierten Proben erfolgt die Kontraktion ähnlich rasch und noch etwas stärker als nach Zusatz von Cyclohexylamin; die anschließende Längung verläuft jedoch wesentlich langsamer, und ein Abreißen erfolgt innerhalb des untersuchten Zeitintervalls von 140 min nicht. Die mit Oxydwachs AN modifizierten Proben fallen durch eine besonders langsame Längenänderung auf, sowohl bei der Kontraktion als auch bei der anschließenden Längung. Die maximale Kontraktion wird viel später erreicht als bei den anderen Proben und ist auch größer. Die Ausgangslänge wird nach 140 min Quelldauer noch nicht wieder erreicht, ein Abreißen wurde in diesem Zeitintervall nie beobachtet. Die in Bild 8 mit eingetragene Quellungskurve des Super-III-Cordes entspricht in ihrem Verlauf weitgehend unseren mit Oxydwachs AN modifizierten Proben.

Zusammenfassend kann festgestellt werden, daß im gequollenen Zustand in der Reihenfolge „Oxydwachs AN" — modifiziert — unmodifiziert — cyclohexylaminmodifiziert ein Abgleiten von Ketten bzw. Kettenbündeln in der Faser offenbar zunehmend leichter erfolgt. Hinter diesem recht beträchtlichen Modifikatoreinfluß auf den Verlauf der Quellungskurven trat ein Einfluß des Zellstofftyps weitgehend zurück. Lediglich bei den cyclohexylaminmodifizierten Fasern ist entsprechend Bild 9 die Tendenz zu erkennen, daß mit zunehmendem Veredelungsgrad die Längung langsamer und ein Abreißen später erfolgt, also ein gegenseitiges

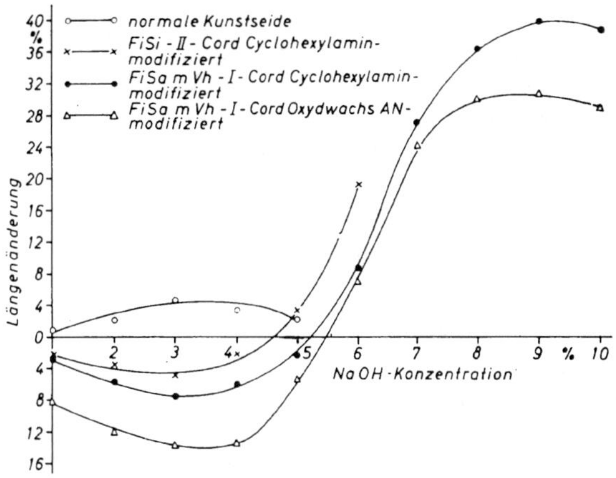

Bild 10: Verlauf der Längenänderung verschiedener Cordseiden in NaOH-Lösungen steigender Konzentration

Abgleiten von Ketten oder Kettenbündeln erschwert wird. Dies erscheint insofern einleuchtend, als in der Reihenfolge FiSi III — FiSi II — FiSa m. Vh. I — FiSi I — Gumwood-Sa. der Kurzkettengehalt der vorgereiften Alkalicellulose und damit auch der fertigen Faser abnimmt, und andererseits natürlich Kurzketten beim Quellen in EWNN bevorzugt herausgelöst werden und so ein gegenseitiges Abgleiten der längeren Ketten begünstigen.

Eine Gegenüberstellung der nach spätestens 30 min erreichten Gleichgewichtswerte der Längenänderung unter Belastung (40 ± 1 mg/den) beim Einhängen der Fäden in wäßrige NaOH steigender Konzentration [29] ergab gegenüber der Quellung in EWNN keine neuen Gesichtspunkte zur Frage des Zellstoff- und Modifikatoreinflusses. Die Ergebnisse sollen daher anhand von Bild 10 nur kurz behandelt werden. Während bei Normalkunstseide bis 3% NaOH kaum eine Längenänderung eintrat und bei höheren NaOH-Konzentrationen unter der hier verwendeten Belastung die Fäden sofort abrissen, wurde bei den Supercordseiden in Übereinstimmung mit den Angaben von *Centola* [29] zunächst eine zunehmende Kontraktion bis zu 3% NaOH beobachtet, während bei höheren NaOH-Konzentrationen oberhalb 4 bis 5% eine Längung erfolgte. Aus hochveredelten Zellstoffen hergestellte Seiden mit geringem Kurzkettengehalt zeigten ein Maximum der Gleichgewichtslängung bei ca. 8 bis 9% NaOH, während aus dem FiSi II ersponnene Fäden bereits oberhalb 7% NaOH abrissen, allerdings im Gegensatz zu Normalkunstseide bei niedrigeren Konzentrationen die für Supercordfäden typische Kontraktion mit anschließender Längung aufwiesen. Der beim zeitlichen Verlauf der Quellung in EWNN klar hervortretende Modifikatoreinfluß ließ sich hier nur als geringe Tendenz erkennen, indem CHA-modifizierte Proben wiederum weniger kontrahierten als unmodifizierte oder mit Polyäthylenoxydzusatz ersponnene. Zur Erkennung struktureller Unterschiede zwischen verschiedenen Cordseidenproben erscheint unserer Auffassung nach die Kinetik der EWNN-Quellung nach *Wünsch* und *Hoffrichter* [11] aussagekräftiger als die Gleichgewichtslängung bei ansteigender NaOH-Konzentration.

6 *Schlußfolgerungen*

Ohne der später [33] vorgesehenen zusammenfassenden Diskussion vorzugreifen, in der eine Deutung der mit den verschiedenen Accessibilitätsmethoden erhaltenen Ergebnisse unter allgemeinen Gesichtspunkten versucht werden soll, können aus den hier besprochenen Untersuchungen folgende Schlüsse gezogen werden:

1. Eine Auswertung der Röntgendiagramme einer Serie nach gleicher Technologie, aber mit verschiedenartigen Zellstoffen und Modifikatoren hergestellter Supercordseiden ergab — wie erwartet — praktisch keine Unterschiede im Orientierungsfaktor für die geordneten Bereiche, aber auch kaum Unterschiede im röntgenographischen Ordnungsgrad. Cellulose IV wurde in größenmäßig gleichen Anteilen von 10 bis 20% sowohl in modifizierten als auch in nichtmodifizierten Proben gefunden. Die Anwesenheit eines Modifikators ist also mit Sicherheit nicht eine unbedingte Voraussetzung für die Bildung dieser Modifikation in Celluloseregeneratfasern, vielmehr scheint eher das spezielle Cordspinnverfahren die Ursache hierfür zu sein.

2. Zur Prüfung des Modifikatoreinflusses wurden jeweils unmodifizierte Fasern mit entsprechenden, unter Zusatz von Cyclohexylamin bzw. „Oxydwachs AN" (N-freies Polyäthylenglycol) hergestellten verglichen. Die cyclohexylaminmodifizierten Proben verhielten sich stark abweichend von den beiden anderen Gruppen, indem das röntgenographische Teilchengrößenäquivalent eine Tendenz zu größeren Werten zeigte, die MW-Kurven beträchtlich nach höheren Laugenkonzentrationen verschoben sind und beim Quellen in EWNN nach anfänglicher Kontraktion eine rasche Längung bis zum Abreißen erfolgt. Zwischen Oxydwachs AN-modifizierten und unmodifizierten Seiden waren gesicherte Unterschiede nur bei der EWNN-Quellung zu beobachten, indem die mit Zusatz von Oxydwachs AN hergestellten Fasern stärker, aber langsamer kontrahierten und nach Durchlaufen des Minimums nur eine sehr allmähliche Längenzunahme zeigten. Man kann vermuten, daß bei Cyclohexylamin-Zusatz verhältnismäßig große Bereiche mittleren und hohen Ordnungsgrades entstehen, die durch verhältnismäßig wenige, sehr unregelmäßig angeordnete Ketten verbunden sind, so daß die Faser schwer völlig in Lösung geht, sich jedoch bei Quellung unter Belastung rasch bis zum Bruch dehnt. Bei AN-modifizierten Seiden scheint dagegen eher eine regelmäßige Netzstruktur aus zahlreichen kleinen hochgeordneten Bereichen vorzuliegen, bei der auch die Ketten in den ebenfalls kleinen ungeordneten Bereichen eine gewisse Regelmäßigkeit der Anordnung aufweisen.

3. Ein Einfluß des Ausgangszellstoffs auf die Faserstruktur war bei den MW-Kurven und in gewissem Umfange den EWNN-Quellungskurven der cyclohexylaminmodifizierten Cordseiden zu beobachten, indem Cordseiden aus Sulfatzellstoffen und Linters beim Emulsionsxanthogenieren merklich schwerer in Lösung zu bringen waren als solche aus Sulfitzellstoffen mit gleichem DP, und indem die Geschwindigkeit der Faserlängung in EWNN mit steigendem Veredelungsgrad des Zellstoffs eine abnehmende Tendenz zeigte. Ein Abreißen der Fäden erfolgte in allen Fällen bei etwa der gleichen Längung von 20 bis 30% relativ; die Quelldauer bis zum Reißen war bei den Sulfatzellstoffen und einem besonders hochviskosen heißveredelten Sulfitstoff wesentlich größer als bei unveredelten und heißveredelten Sulfitstoffen normaler Viskosität und auch größer als bei einem Linterszellstoff.

Literatur

[1] *Howsmon, J. A.*, und *Sisson, W. A.*, in: Cellulose and Cellulose Derivatives. Editors: E. Ott, H. M. Spurlin und M. W. Grafflin. 2d. ed. (HIGH POLYMERS Vol. V) Interscience Publishers 1954. S. 251—255.

[2] *Ruscher, Ch.*, Über die röntgenographische Bestimmung der Teilchengröße. Faserforsch. u. Textiltechn. **9** (1958) 11, S. 484—487.

[3] *Marchessault, R. H.*, und *Howsmon, J. A.*, Experimental Evaluation of the Lateral-Order Distribution in Cellulose. Textile Res. J. **27** (1957) 1, S. 30—41.

[4] *Hermans, P. H.*, und *Weidinger, A.*, Quantitative Investigation of the X-Ray Diffraction Picture of some Typical Rayon Specimens; Part I. Textile Res. J. **31** (1961) S. 558—571.

[5] *Jackson, D. S.*, und *Sandig, A.*, Some Observations on the Relationship between Mechanical Properties and Submicroscopic Structure of Cellulosic Tire Cords. Textile Res. J. **31** (1961) 5, 421—428.

[6] Forschungszentrum der Textilindustrie in Rouen: Untersuchungen über polynosische Fasern (2. Teil): V. Untersuchung über die Kristallinität und die Zugänglichkeit polynosischer Fasern. Bull. Inst. Textile France (1962) 102, S. 945—962.

[7] *Broughton, G.*, *Heeks, R. E.*, und *Johannes, C.*, Methods for Cellulose Accessibility Determination. Tappi **38** (1955) 8, S. 498—502.

[8] *Cumberbirch, R. J. E.*, The Supermolecular Structure of Cellulose and its Relation to the Mechanical Properties of Cellulose Fibers. Rept. Progr. Appl. Chem. **46** (1961) S. 233—244.

[9] *Baudisch, J.*, Diplomarbeit TH für Chemie, Leuna-Merseburg 1960.

[10] *Philipp, B.*, und *Lukanoff, T.*, Über die Lösegeschwindigkeit verschiedenartiger Zellstoffe bei einer Emulsionsxanthogenierung. Faserforsch. u. Textiltechn. **12** (1961) 5, S. 236—246.

[11] *Wünsch, E.*, und *Hoffrichter, S.*, Nachweis von Mantel-Kern-Strukturen in Celluloseregeneratfasern. Mitt. Inst. Textiltechnol. Chemiefasern Rudolstadt **6** (1962) 3, S. 181—189.

[12] *Nickerson, R. F.*, Accessibility of Cellulose by Formic Acid Esterification. Textile Res. J. **21** (1951) S. 195 bis 202.

[13] *Korolkov, I. I.*, *Šarkov, V. I.*, und *Krupnova, A. V.*, Untersuchung des Prozesses der „Rekristallisation" von Cellulose. Ž prikl. Chimii (Z. angew. Chemie) **31** (1958) 10, S. 1560—1565.

[14] *Šarkov, V. I.*, Die Untersuchung der übermolekularen Struktur der Cellulose durch Äthanolyse und Hydrolyse. Celluloză şi Hîrtie, Bucureşti **10** (1961) 9, S. 297 bis 303.

[15] *Schmiedeknecht, H.*, und *Klare, H.*, Beiträge zum Einsatz von Zellstoffen und Modifikatoren bei der Erspinnung von Viskose-Supercord. Abh. dt. Akad. Wiss. Berlin, Kl. Chemie, Geologie und Biologie Jg. 1963, Nr. 1, S. 137—151.

[16] *Jayme, G.*, und *Kuo-Fu Chen*, Über die Reaktionsfähigkeit von Zellstoffen bei der Xanthogenierung. Zellwolle, Kunstseide, Seide **48** (1943) 2, S. 47—63. Vgl. auch Dissertation J. Schoeller, Darmstadt 1946.

[17] *Bartunek, R.*, Über die Reaktionsweise der nativen Cellulose. Cellulosechemie **22** (1944) S. 56—63.

[18] *Philipp, B.*, *Lehmann, R.*, und *Schleicher, H.*, Über den Einfluß eines Celluloseabbaues auf Xanthatquellungsbild, Filterwert und Verlauf einer Emulsionsxanthogenierung. Faserforsch. u. Textiltechn. **11** (1960) 10, S. 469—481.

[19] *Samuelson, O.*, und *Gärtner, F.*, The State of Solution in Emulsionsxanthated Viscoses, Part I u. II. Svensk Papperstidn. **53** (1950) 20, S. 635—637; 24, S. 805—810.

Part IV u. V. Svensk Papperstidn. **54** (1951) 15, S. 501 bis 504; 17, S. 588—590.
[20] *Kyrklund, B.*, und *Sihtola, H.*, On Structural Changes in Pulp Fibres Due to Cold Alkali Treatment. I. Mercerization Resistance and Swelling Behavior of Cold Alkali Treated Pulps. Paperi ja Puu, Helsinki (Papier u. Holz) **45** (1963) 3, S. 91—98.
[21] *Nakao, O.*, *Yamada, S.*, und *Migita, N.*, The Evaluation of Lateral Order Distribution on Native Cellulose by the Emulsion Xanthation Method. J. Soc. Textile Cellulose Ind. Japan **14** (1958) S. 395—399.
[22] *Keil, A.*, *Philipp, B.*, und *Jacob, R.*, Untersuchungen zum Zusammenhang zwischen Alkalilöslichkeit und Kurzkettengehalt nativer und regenerierter Cellulosen. Faserforsch. u. Textiltechn. **12** (1961) 3, S. 94—105.
[23] *Nakao, O.*, *Usuda, M.*, und *Migita, N.*, On the So-called Sulphidation Resistance Value of Dissolving Pulp by Emulsion Xanthation. I: The Analysis of the Emulsion Xanthation Solubility Curve. J. Soc. Textile Cellulose Ind. Japan **16** (1960) S. 556—565.
[24] *Farrow, B.*, Tensile Behaviour of some Cellulose Rayons Swollen in Sodium Hydroxide Solutions. J. Textile Inst. **52** (1961) 5, S. T221—T240.
[25] *Mitsuishi, Y.*, Recent Advances in Fine Structure of High Tenacity Rayon. J. Soc. Textile Cellulose Ind. Japan **18** (1962) 10, S. 891—896.
[26] *Mitsuishi, Y.*, Cohesive Bonds Formed in the Spinning Process of High Tenacity Rayon. J. Soc. Textile Cellulose Ind. Japan **18** (1962) 12, S. 1057—1060.
[27] *Mitsuishi, Y.*, The Fatigue Mechanism of High Tenacity Rayon from the Viewpoint of the Fine Structure. J. Soc. Textile Cellulose Ind. Japan **18** (1962) 12, S. 1049—1056.
[28] *Mitsuishi, Y.*, The Fine Structural Differences between „Pot Spinning" and „Continous Spinning" High Tenacity Rayons. J. Soc. Textile Cellulose Ind. Japan **19** (1963) 1, S. 3—6.
[29] *Centola, G.*, Beobachtungen über die Beziehungen zwischen Eigenschaften und Struktur von Reyon hoher Festigkeit. Melliand Textilber. **44** (1963) 6, S. 551—556.
[30] *Pakšver, A. B.*, *Mankaš, E. K.*, und *Kukonkova, A. I.*, Bestimmung der Strukturungleichmäßigkeit von Kunstseide. Tekstil. Prom., Moskva (Textil-Ind.) **11** (1951) 11, S. 13—15.
[31] *Edelmann, K.*, und *Horn, E.*, Zur Herstellung und Anwendung der alkalischen „Eisen-Weinsäure-Natrium-Komplexlösung" für die viskosimetrische DP-Bestimmung der Cellulose. Faserforsch. u. Textiltechn. **9** (1959) 11, S. 493—500.
[32] *Berestnev, V. A.*, *Grečuškina, N. J.*, *Lytkina, M. V.*, und *Kargin, V. A.*, Studium der Strukturbesonderheiten von Viskosefasern verschiedener Art mit Hilfe von Methoden der Lichtmikroskopie. Chim. Volokna (Chem. Fasern) **4** (1962) 3, S. 45—48.
[33] *Philipp, B.*, und *Baudisch, J.*, wird demnächst veröffentlicht.
[34] *Tyler, D. N.*, und *Wooding, N. S.*, The Determination and the Significance of Crystallite Size in Regenerated Cellulose Fibres. J. Soc. Dyers Colourists **74** (1958) 4, S. 283—291.
[35] *Ruscher, Ch.*, Zur Bestimmung des Ordnungsgrades in Hochpolymeren. Faserforsch. u. Textiltechn. (in Vorbereitung).

Eingegangen am 3. Oktober 1963

Beiträge zur Theorie und Praxis der Viskosefiltration

Einfluß von Filteraufbau, Filtrationsdruck und Viskoseviskosität auf Verstopfungsneigung und Retentionsverhalten von Viskosefiltern

Arno Matthes
Wissenschaftliche Laboratorien Kunstseide und Zellstoff des VEB Filmfabrik Agfa Wolfen, Wolfen Kr. Bitterfeld

DK 677.463.021.43:66.067.12:677.463.021.319

Die durch das Verstopfungsgesetz von *P. H. Hermanns* und *H. L. Bredée* definierte Filtrationskonstante, in Deutschland als „Filterwert" genormt, ermöglicht eine sehr einfache Behandlung der Vorgänge bei der Viskosefiltration. Zur Unterstützung dieser von verschiedenen Seiten kritisierten Festlegung wurden Verstopfungsmessungen an Viskosefiltern durchgeführt. Dabei findet die durch die Viskosität der Viskose bewirkte Vergrößerung der Verstopfungsneigung eine Deutung, die Streiflichter auf die Retention der sogenannten „durchdrückbaren" Anteile der Viskose wirft.

К теории и практике фильтрации вискозы
Влияние фильтрующего материала, давления при фильтрации и вязкости вискозы на склонность фильтров к закупорке и их способность к задержанию загрязнений

Константа фильтации, определяемая на основании закономерности закупорочной фильтрации, выведенной *П. Х. Германсом* и *Х. Л. Бреде*, и стандартизованная в Германии под названием ,,показатель фильтрации,,, позволяет значительно упростить рассмотрение процессов фильтрации вискозы. С целью подтверждения этого положения, которое во многих случаях подвергалось критике, были проведены измерения закупорки фильтров при фильтрации вискозы. При этом оказалась возможной интерпретация обусловленной вязкостью вискозы слконности фильтров к закупорке, которая позволяет судить о задержке так называемых ,,продавливаемых" частей вискозного раствора.

Contributions to the Theory and Practice of Viscose Filtration. Effects of Filter Construction, Filtering Pressure and Viscosity of Viscose on the Plugging and Retention Properties of Viscose Filters

The filtering constant defined by the plugging law according to *P. H. Hermans* and *H. L. Bredée* and standardized in Germany as „filtering value" allows a convenient treatment of the filtration process of viscose. In order to furnish further support to this concept criticized by several authors, plugging measurements on viscose filters were performed. The interpretation of the increase of plugging provoked by the viscosity of viscose results in some indications of the causes of retention of so-called „penetrable" components of viscose.

Trotz gelegentlicher Kritiken einiger Autoren [12], die mit einer prinzipiell abweichenden Auffassung über die zweckmäßig zu benutzenden Grundlagen zusammenhingen, bedeutete die in Deutschland in den Jahren 1939/40 nach einer Arbeit von *P. H. Hermans* und *H. L. Bredée* [3] stattgefundene Normung der Filtrationskonstanten Kw (Fa Chem Fa Zst 1) in Form einer *zahlenmäßig charakterisierten Verstopfungsneigung* des Viskosefilterbelags „Nessel-Watte-Batist" eine sehr nützliche Hilfe für die Beurteilung von Viskosequalitäten aus Chemiezellstoffen, wie u. a. aus einer späteren

Arbeit [4] über Viskosen aus Buchenzellstoff hervorgeht, wo es um Unterschiede in der Verstopfungsneigung von etwa 100% ging, die früher keinesfalls sicher erfaßbar gewesen waren.

Bei dieser Normung waren auf der Filtrationsseite neben anderem der *Filteraufbau* und der *Filtrationsdruck*, auf der Viskoseseite die durch die Alkalicellulosereife einzuhaltende *Kugelfallviskosität* festgelegt worden. Die vorliegende Arbeit beschäftigt sich mit Beobachtungen, die teilweise schon damals bei einer Variation dieser Bedingungen gemacht worden sind und nach ihrer Ergänzung zu einer Reihe interessanter Folgerungen führen. Bei diesen Ermittlungen ist zunächst die Entwicklung einer *Meßmethode zur Kontrolle vorfiltrierter Viskosen* bzw. *des Retentionsverhaltens der bei der ersten Filtration benutzten Filterbeläge* von besonderer Wichtigkeit gewesen, worunter die ebenfalls nach dem Vorbild der holländischen Autoren formulierte *Filtrationskonstante Kp*, die wir als „Papierfilterwert" [5] bezeichnet haben, verstanden werden soll.

1 Einfluß des Filteraufbaus auf die Verstopfungsneigung

Der Einfluß des Filteraufbaus auf die Verstopfungsneigung geht am besten aus dem Verhalten eines zusammengesetzten Filterbelages hervor, wie ihn die Kombination „Nessel-Watte-Batist" darstellt, wenn man die Einzelteile verschiedenartig anordnet, wobei der Durchflußwiderstand der Kombination sich relativ nur wenig verändert. Die wesentliche Situation wird dabei durch einen zusätzlichen Vergleich mit einer Kalmuckkonstruktion genügend kontrastreich beleuchtet, um zu einer Theorie des Filteraufbaus zu kommen.

Bei diesen vergleichenden Filtrationsversuchen, die in Tabelle 1 dargestellt sind, blieb trotz verschiedener Filterbeläge die Gültigkeit des *Hermans-Bredée*'schen Standard-Verstopfungsgesetzes unverändert erhalten.

Dieser formal einheitliche Verlauf der Verstopfung trotz der Variation des Filteraufbaus läßt offenbar den Schluß zu, daß als Usache für die Geltung eines bestimmten Verstopfungsgesetzes hauptsächlich das Verhältnis zwischen *Partikelgröße* und *Porendurchmesser* in Frage kommt, in dem Sinne, daß sich das verstopfende Partikel im *Innern* der Filterpore absetzt, was einer sogenannten „Tiefenfiltration" entspricht.

Man muß offenbar annehmen, daß das Filter bei der Viskosefiltration nicht in Form eines Siebes als Flächengebilde wirkt, sondern die Tiefe des Belages eine Rolle spielt, wobei es nicht allein dem Porendurchmesser, sondern auch noch weiteren zusätzlichen rheologischen Hemmungen überlassen bleibt, ob ein Partikel zurückgehalten wird oder nicht, so daß außer der vorhandenen Partikelmenge die vorhandene Verstopfungskapazität maßgebend ist für die beobachtbare Verstopfungsneigung.

Diese verschiedene Verstopfungskapazität bei der Variation des Filteraufbaus bewirkt sehr verschiedene Verstopfungsneigungen K_w bei Einsatz ein und derselben Viskose trotz Geltung eines einheitlichen Verstopfungsgesetzes, wie aus Tabelle 1 erkenntlich wird. Bei einer Variation des Filteraufbaus ist also die Verstopfungskonstante K_w nicht adäquat der vorhandenen Partikelmenge, und ebenso verbürgt derjenige Filteraufbau, der sich am stärksten verstopft, keinesfalls die beste Retention, wie von den K_p-Werten der jeweiligen Filtration bestätigt wird, obwohl natürlich im Prinzip eine kleine Porengröße des Filters, die zu einer schnellen Verstopfung führt, sich auf die Retention günstig auswirkt.

Zu den in Tabelle 1 aufgeführten Versuchen sind noch folgende Bemerkungen notwendig: Der erste dort angeführte Belag „Watte-Nessel", der keine besondere Oberlage besitzt, wird betrieblich gern für die erste Filtration bei einer Viskose gewählt, da seine großen Kapillarräume die größte Passiergeschwindigkeit und die niedrigste Verstopfungsneigung verbürgen. Aus dem Papierfilterwert K_p des anfallenden Filtrats geht aber hervor, daß kleinere Partikel ziemlich leicht hindurchgelassen werden.

Der nächste Belag „Nessel-Watte-Batist", der für die genormte Filtration ausgewählt wurde, kann besonders für die zweite betriebliche Filtration an einer Viskose als normal bezeichnet werden. Bei ihm wird die Wattelage gegenüber dem ersten Belag infolge des Widerstands der Nesseloberlage für die passierende Viskose durch Andruck etwas verdichtet, so daß eine Verstärkung der Retention erreicht wird, die gleichzeitige Verstärkung der Verstopfungsneigung aber in mäßigen Grenzen bleibt.

Dieses Prinzip ist gegebenenfalls noch weiter ausbaufähig. Es darf dabei aber nicht so weit kommen, daß die vorgeschaltete Oberlage dichtemäßig eine ausgesprochene Unstetigkeitsstelle in der Viskoseflußrichtung bedeutet, wie es offenbar beim umgekehrten Belag „Batist-Watte-Nessel" zutrifft, indem der Widerstand der Oberlage

Tabelle 1. Filtration gleicher Viskosen mit verschiedenen Filterbelägen

Viskose: Buchenzellstoff 647	*Belag:* Watte-Nessel filtriert mit 2 atü	*Belag:* Watte-Nessel-Batist filtriert mit 2 atü
Verstopfungsneigung (K_w) [1] Filtrationsgeschw. (S_0) [2] Filtratinhomogenität (K_p) [3]	61 1,013 cm³/s 301	103 0,676 cm³/s 209
Viskose: Buchenzellstoff 663	*Belag:* Nessel-Watte-Batist filtriert mit 2 atü	*Belag:* Batist-Watte-Nessel filtriert mit 2 atü
Verstopfungsneigung (K_w) [1] Filtrationsgeschw. (S_0) [2] Filtratinhomogenität (K_p) [3]	105 0,636 cm³/s 206	404 0,614 cm³/s 193
Viskose: Buchenzellstoff 745	*Belag:* Nessel-Watte-Batist filtriert mit 2 atü	*Belag:* Kalmuck-Batist-Kalmuck filtriert mit 2 atü
Verstopfungsneigung (K_w) [1] Filtrationsgeschw. (S_0) [2] Filtratinhomogenität (K_p) [3]	147 0,520 cm³/s 177	271 0,260 cm³/s 257

[1]) Wattefilterwert entspr. [4].
[2]) Anfangsgeschwindigkeit bei Wattefilterwert entspr. Fa Chem Fa Zst 1.
[3]) Papierfilterwert des *Filtrats* entspr. [4].

zu groß wird. Dann kommt es, weil die Tiefenfiltration zu einer Flächenfiltration entartet, zu erheblichem Anwachsen der Verstopfungsneigung, demgegenüber die ebenfalls steigende Retention unbedeutend erscheint.

Jedenfalls wird die Zweckmäßigkeit der einzelnen Maßnahmen auf dem betrieblichen Filtrationsgebiet bestimmt durch das jeweils noch vorhandene Partikelspektrum in der Viskose und die Anzahl der betrieblichen Filtrationen, die man einsetzen will.

Der letzte Belag „Kalmuck-Batist-Kalmuck", der bei der schon erwähnten Normung als Konkurrent zu „Nessel-Watte-Batist" auftrat, ist von dem damals vorschlagenden Betrieb sicherlich nur für die allerletzte Nachfiltration der Viskose gebraucht worden, weil in einem solchen Fall auf seine hohe Verstopfungsneigung am wenigsten Rücksicht genommen zu werden brauchte. Der Nachteil seines hohen Filterwiderstandes (und Gewichtes!) ist aber nicht von dem entsprechenden guten Retentionsverhalten begleitet, so daß von seiner Normung abgesehen wurde und unseres Wissens der vorschlagende Betrieb daraufhin überhaupt diesen Belag von einer weiteren betrieblichen Verwendung ausschloß.

Man entschied sich also damals für „Nessel-Watte-Batist", weil dieser Belag bei einer genügenden Heraushebung der normalen Viskose-Inhomogenitäten trotz relativ geringen Filterwiderstandes eine hohe Retention zeigte und dabei die Verstopfungsneigung nicht übermäßig anschwellen ließ, was hauptsächlich durch den Wattevlies-Charakter begründet sein dürfte, der einerseits die genügende Vielzahl der rheologischen Hemmungen schafft, was für die Retention auch der kleinsten Partikel günstig ist, andererseits den Charakter der Tiefenfiltration festhält. An diesem Punkt scheitern meines Erachtens alle Abänderungsvorschläge, die im Interesse einer größeren Gleichmäßigkeit des Belages allzusehr nach einer Flächenfiltration tendieren. Auch 1939/40 haben wir schon den Gedanken erwogen, anstatt „Nessel-Watte-Batist" das Papierfilter Schleicher und Schüll 598 für die Ermittlung einer Filterkonstanten zu benutzen. Wir konnten einen solchen Plan aber nicht für Frischviskose, sondern nur für vorfiltrierte Viskose gutheißen.

2 Einfluß des Filtrationsdruckes auf die Verstopfungsneigung und die Retention

Bekanntlich gehen die Erfahrungen in der betrieblichen Praxis der Viskosefiltration dahin, daß man durch eine einmalige Filtration die vollständige Beseitigung aller in der Viskose vorhandenen Inhomogenitäten nicht erreicht und eine zweite, dritte oder sogar vierte Filtration vornehmen muß, um sich einem solchen Ziel zu nähern, wobei man eventuell die Dichte des Filterbelages stufenweise zu steigern versucht.

Die Ursache dieser Notwendigkeit liegt teilweise an Fehlstellen im meist wiederholt regenerierten Belag, aber auch an der prinzipiellen „Durchdrückbarkeit" einzelner Partikelklassen, die infolge ihrer Kleinheit nur zu einem gewissen Prozentsatz im Filter hängen bleiben, zum anderen Teil jedoch das Filter passieren, so daß sie beim Spinnvorgang anwesend sind und dort gegebenenfalls zu Spinnschwierigkeiten führen können.

Allerdings ist die oft gehegte Vorstellung einer steigenden Durchdrückbarkeit mit steigendem Filtrationsdruck im allgemeinen nicht berechtigt, da die durchdrückbare Partikelklasse von der normalen Partikelklasse sich offenbar größenordnungsmäßig so stark unter scheidet, daß durch Druckanstieg keine Vermehrung der durchgedrückten Anteile zu beobachten ist, im Gegenteil sogar eine Verminderung infolge Verdichtung des Filterbelags, was speziell durch den Quotienten $\frac{S_0}{P}$ in Tabelle 2 nachgewiesen wird, wo die Ermittlung der Verstopfungsneigung bei Anwendung verschiedener Druckstufen an ein und derselben Viskose gegenübergestellt ist und die jeweils erreichte Sauberkeit des Fil-

Tabelle 2. Filtration gleicher Viskosen mit verschiedenen Filtrationsdrücken

Viskose: Linterszellstoff	*Belag:* Nessel-Watte-Batist filtriert mit 1,0 atü	*Belag:* Nessel-Watte-Batist filtriert mit 2,1 atü	*Belag:* Nessel-Watte-Batist filtriert mit 4,0 atü
Verstopfungsneigung (K_w) [1]	156	127	125
Filtrationsgeschw. (S_0) [2]	0,318 cm³/s	0,620 cm³/s	1,196 cm³/s
$\frac{S_0}{P}$	0,318	0,295	0,291
Filtratinhomogenität (K_p) [3]	104	85	70
Viskose: Fichtenzellstoff I	*Belag:* Nessel-Watte-Batist filtriert mit 1,0 atü	*Belag:* Nessel-Watte-Batist filtriert mit 2,2 atü	*Belag:* Nessel-Watte-Batist filtriert mit 4,09 atü
Verstopfungsneigung (K_w) [1]	55	46	45
Filtrationsgeschw. (S_0) [2]	0,459 cm³/s	0,920 cm³/s	1,840 cm³/s
$\frac{S_0}{P}$	0,459	0,456	0,451
Filtratinhomogenität (K_p) [3]	97	86	82
Viskose: Fichtenzellstoff II	*Belag:* Nessel-Watte-Batist filtriert mit 0,98 atü	*Belag:* Nessel-Watte-Batist filtriert mit 2,1 atü	*Belag:* Nessel-Watte-Batist filtriert mit 4,05 atü
Verstopfungsneigung (K_w) [1]	110	79	67
Filtrationsgeschw. (S_0) [2]	0,461 cm²/s	0,969 cm³/s	1,819 cm³/s
$\frac{S_0}{P}$	0,471	0,461	0,452
Filtratinhomogenität (K_p) [3]	103	103	98

[1] [2] [3] s. Tabelle 1

trats, die sich im Papierfilterwert K_p ausdrückt. Danach verschlechtert bei intaktem Filter des angeführten Typs eine Steigerung des Filtrationsdrucks die Qualität des Filtrats keineswegs.

Von besonderem Interesse erschien uns hier der Gang der Verstopfungsneigung K_w mit steigendem Filtrationsdruck, weil wir darin mit Rücksicht auf die ziemliche Konstanz des Porendurchmessers bei den Verschiebungen des Filtrationsdrucks einen Ausdruck für das mit steigendem Filtrationsdruck immer weniger „wirksame Volumen" der verstopfenden Partikel während der Auffüllung der oben erwähnten Verstopfungskapazität sehen, das mit diesem steigenden Druck offenbar „abgeschert" wird. Auf diesen Punkt wird von der Viskositätsseite her im folgenden Kapitel noch einmal eingegangen werden.

3 Einfluß der Viskoseviskosität auf die Verstopfungsneigung bei der Filtration

Schon bei der Normung 1939/40 war der Einfluß der Viskoseviskosität auf die Verstopfungsneigung bei der Viskosefiltration bekannt. Man deutete diese Erscheinung aber nicht als einen eigentlichen Viskositätseffekt, sondern vorzugsweise als einen mit der Alkalicellulose-Reife zusammenhängenden Depolymerisationseffekt, besonders auch, weil er in seiner jeweiligen Stärke sich sozusagen der bei der Kochung und Bleiche *unterlassenen* Depolymerisation der Cellulosesubstanz adäquat hielt. So bringen wir in Bild 1 den Verlauf sogenannter Alkalicellulose-Reifungsreihen hinsichtlich der Viskosefiltrierbarkeit, die an verschieden stark abgekochten Buchenzellstoffen ermittelt worden sind, deren *A*-Viskosität (Kochung) und *H*-Viskosität (Bleiche) in Tabelle 3 wiedergegeben werden.

In diesen abgestuften Fällen verläuft, wie Bild 1 zeigt, der Abstieg der Standardviskose-Verstopfungskonstanten K_w bei abnehmender Viskose-Viskosität *mit ganz verschiedener Steilheit*, so daß man auf einer solchen Grundlage eine besondere Zellstoffbeurteilung aufbauen könnte, die in der Richtung ginge, in dieser Steilheit einen Maßstab zu sehen für die jeweils in diesen Zellstoffqualitäten vorhandenen „höher polymeren Anteile", die wegen mangelhafter „Aufgeschlossenheit" mit den Inhomogenitäten zu identifizieren sind, welche die Viskosefilterbarkeit herabsetzen.

Es ist ganz offenbar, daß die sehr verschiedene Steilheit der K_w-Kurven, welche mit sinkender Viskoseviskosität zu beobachten ist, zu beträchtlicher Vorsicht zwingt, wenn man etwa solche mit Depolymerisationsmomenten behaftete Viskositätsunterschiede summarisch auszuwerten versucht, was verschiedene Autoren [2, 3, 6, 7, 8] unternommen haben.

Bei gänzlicher Abwesenheit von Depolymerisationsmomenten ist der Einfluß der bloßen Viskositätslage

Tabelle 3. Viskositäten verschiedener Buchenzellstoffe

Buchenzellstoff	A-Viskosität	H-Viskosität
1. Qualität	450	177
2. Qualität	560	230
3. Qualität	1150	625
4. Qualität	1520	800

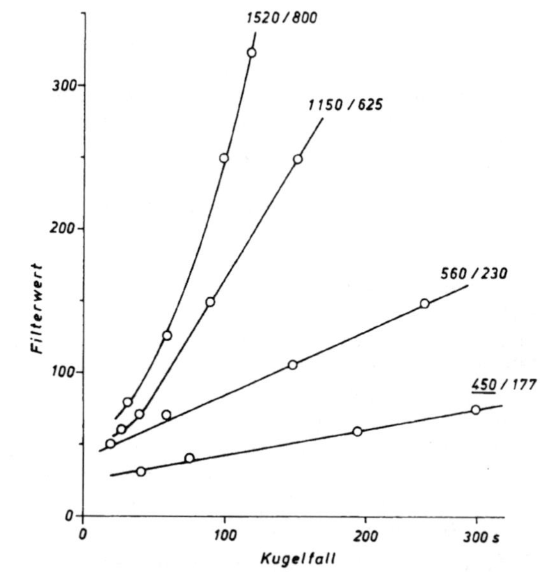

Bild 1. Mit steigender Alkalicellulosereife absinkende Verstopfungsneigung bei verschieden stark abgekochten Zellstoffen

auf die sogenannten Filterwerte bisher nur von *E. Treiber* [8] klar und eindeutig herauszuarbeiten versucht worden, nachdem ein solcher Gedanke verschiedentlich erörtert worden war [9]. Leider wurde aber auch von diesem Autor, vermutlich infolge des in Skandinavien vom deutschen Gebrauch reziprok abweichenden Filterwertbegriffs, die unmittelbare und enge Verbindung dieses Viskositätseffektes mit dem eigentlichen Verstopfungsvorgang während der Filtration nicht genügend hervorgehoben.

Nach unserer Vorstellung muß besonders eine an Viskosen vorgenommene „Verdünnungsreihe" in der Lage sein, das Vorhandensein eines reinen Viskositätseffektes darzulegen. „Temperaturreihen", die ebenfalls Viskositätsverschiebungen hervorbringen, halten wir wegen der sich dabei gleichzeitig verschiebenden inneren Gleichgewichtsverhältnisse in den Viskosen für mehrdeutig. Die in der Arbeit von *E. Treiber* angeführte Verdünnungsreihe befriedigt uns nicht vollständig, da dort die Viskoseverdünnung unter Aufrechterhaltung des „Alkaliverhältnisses", d. h. also mit Wasser vorgenommen wurde. Das Cellulose-Alkali-Verhältnis einer Viskose hat nur für die Spinnvorgänge Bedeutung, zur Aufrechterhaltung gleicher Löseverhältnisse muß man

Tabelle 4. Abhängigkeit der Verstopfungsneigung vom Cellulosegehalt

α-Cellulose [%]	1. Versuch				2. Versuch			
	freies Alkali [%]	Kugelfall	K_w	$K_{w_{korr.}}$	freies Alkali	Kugelfall	K_w	$K_{w_{korr.}}$
9,0	5,83	141	82	73	5,85%	148	61	54
8,0	5,82	77	65	65	5,85%	78	39	39
7,0	5,84	37	50	56	5,82%	39	27	31

(Unter $K_{w_{korr.}}$ ist die Umrechnung auf denselben Zellstoffgehalt von 8% zu verstehen, die für unsere Untersuchung bewertet werden muß)

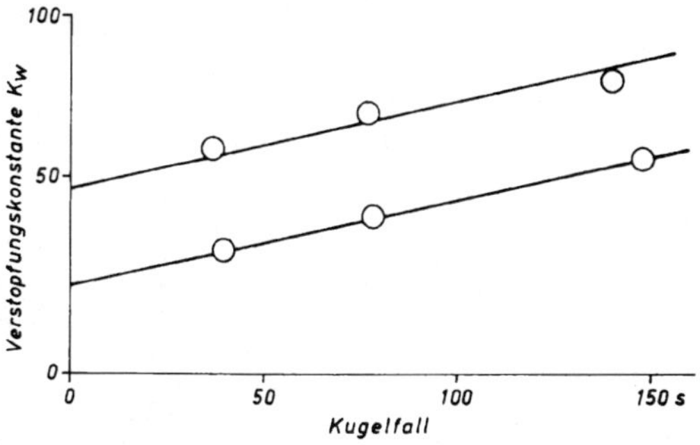

Bild 2. Verstopfungsneigung bei verschiedenen, durch Konzentrationsunterschiede erzeugten Viskoseviskositäten

mit Lauge verdünnen, welche die Konzentration des „freien Alkalis" in der Ausgangsviskose besitzt.

So wurde unser eigener Versuch durchgeführt, den wir an einer zweiten Probe wiederholten: aus normalem Buchenzellstoff wurde zunächst eine Viskose mit 9,0% α-Cellulosegehalt bei 35% CS_2 im Xanthatkneter hergestellt, deren freies Alkali zu knapp 6% ermittelt wurde. Mit *Lauge dieser Konzentration* wurde im Rührgefäß die Verdünnung auf 8,0% α-Cellulose und weiter auf 7,0% α-Cellulose vorgenommen, so daß die jeweils vorhandene Inhomogenität als proportional den α-Cellulosegehalten zu betrachten war. Bei jedem dieser Schritte sank die Viskosität auf ca. die Hälfte der vorangehenden ab. Jede so entstandene Viskosegruppe wurde unter Benutzung von „Nessel-Watte-Batist" der K_w-Ermittlung unterzogen, wobei die Einzeldaten in Tabelle 4 dargestellt sind.

Dieses Ergebnis wurde bildmäßig in Bild 2 wiedergegeben, woraus man erkennt, daß die Verstopfungsneigung der Viskosen ungefähr linear mit der Viskosität ansteigt, wenn es sich nur um einen reinen Viskositätseffekt handelt.

Der Effekt, der auf diese Weise gefunden wurde, ist an sich nicht übermäßig groß (ungefähr ist K_w $K + 0{,}1\,\eta$, falls K eine Konstante, die mit der Verstopfungsneigung bei kleinster Viskoseviskosität gleichzusetzen wäre, und η die Kugelfallviskosität der Viskose bedeutet), und beträgt unserer Abschätzung nach etwa die Hälfte der von *E. Treiber* ermittelten Größe.

Dieser Unterschied könnte von der Tatsache herrühren, daß an beiden Untersuchungsstellen verschiedene Filterbeläge verwendet wurden (gegenüber „Nessel-Watte-Batist" bei uns, Papierfilter Macherey und Nagel P 1672 F bei *Treiber*), deren Verstopfungskapazität sehr unterschiedlich beurteilt werden muß. Darin liegen andererseits die Gründe dafür, daß wir selbst die Benutzung eines Papierfilters für die Verstopfungskontrolle an einer der betrieblichen Bewertung dienenden Frischviskose ablehnen und eine so geartete Kontrolle nur an vorfiltrierter Viskose für empfehlenswert halten, bei der eine relativ geringe Verstopfungskapazität beansprucht wird; (in diesem Fall benutzen wir Papierfilter Schleicher und Schüll 598. Der Viskositätseffekt von diesem Filter 598 ist etwa doppelt so groß wie bei „Nessel-Watte-Batist" und damit ungefähr in der Höhe des von *E. Treiber* ebenfalls auf dem „Verdünnungswege" gefundenen Betrags.

Die einfachste Deutung der durch die Viskosität der Viskose hervorgerufenen Vergrößerung der Verstopfungsneigung besteht unseres Erachtens in der Annahme einer mit steigender Viskosität sich verstärkenden „Viskose-(haut)schale" um jedes einzelne Partikel, durch die der Verstopfungsraum stärker beansprucht wird.

Diese „Viskoseschale" läßt sich eventuell durch hohen Filtrationsdruck teilweise abscheren, wodurch die Verstopfungsneigung wieder gemindert werden kann, so daß Filtrationsdruck und Viskosität zwei unmittelbar gegeneinander arbeitende Kräfte bei der Verstopfung der Filterbeläge darstellen.

Im übrigen aber eröffnet die Vorstellung vom verstopfenden Partikel mit der mehr oder weniger dicken „Viskoseschale" das Verständnis für die Retention vor allem des allerkleinsten (an und für sich „durchdrückbaren") Partikelchens, das dadurch hängen bleibt, daß es auf seinem Strömungswege an der Oberfläche einer Widerstandslinie vorbeizieht. Die Abtrennung solcher Partikel durch Filtration ist also hauptsächlich ein von der rheologischen Seite gesteuerter Vorgang.

Die Filtration im viskoseren Medium hat also mehr Aussichten auf Zurückhaltung der kleinsten Partikel als die Durchführung der Operation im weniger viskosen Medium. Solche Fälle konnten tatsächlich nachgewiesen werden.

Literatur

[1] *Herrent, P., Ludie, A.*, und *Inoff, G.*, Filtration of Viscose. Svensk Papperstidn. **54** (1951) 3, S. 153–168.

[2] *Vosters, H. L.*, Filtration of Viscose. Svensk Papperstidn. **53** (1950) S. 29–34; **54** (1951) S. 539–561.

[3] *Hermans, P. H., Bredée, H. L.*, und *de Booys, G.*, Rec. Trav. chim. Pays-Bas **54** (1935) 7/8, S. 680–700.

[4] *Matthes, A.*, Viskosebereitung und Filtrierbarkeit bei Buchenzellstoff. Faserforsch. u. Textiltechn. **10** (1959) S. 146–155.

[5] *Matthes, A.*, Der Watte- und Papierfilterwert als Viskose-Inhomogenitätsmaße in der Regeneratfaserindustrie Faserforsch. u. Textiltechn. **14** (1963) 1, S. 14–15.

[6] *Treiber, E.*, J. Polymer Sci. **51** (1961) S. 297–315.

[7] *Philipp, B., Lehmann, R.*, und *Schleicher, H.*, Faserforsch. u. Textiltechn. **11** (1960) S. 469–481.

[8] *Treiber, E.*, Mh. Chemie **93** (1962) S. 455–468.

[9] *Teunisson, P. H.*, Svensk Papperstidn. **51** (1948) S. 497 bis 500.

Eingegangen am 12. September 1963

Neue Bücher

Vergleichende Bestimmungen des Schmelzpunktes an synthetischen Faserstoffen. Von *Werner Bubser.* Forschungsberichte des Landes Nordrhein-Westfalen. Nr. 1205. Köln und Opladen: Westdeutscher Verlag 1963, 25 S. 8°. Kart. DM 11,80.

Schmelzpunktbestimmungsmethoden werden beschrieben und nachfolgende für die Untersuchung der Schmelzpunkte (Schmelzbereiche) von Polyamid 6 und 66-, Polyester-, Polyacrylnitril- und Polyvinyl-Fasern verwendet: Schmelzpunktröhrchen, Paraffinbad unter Belastung (nach *Schwertassek*), Heiztischmikroskop. Besonders geeignet erwies sich das Heiztischmikroskop, da Veränderungen im kritischen Bereich beobachtet werden können (so zeigte z. B. Nylon 6 im Kern zeitigeres Schmelzen als am Mantel, was bei Nylon66 nicht zu beobachten war). Vorteilhaft ist aber auch die Paraffinbadmethode nach *Schwertassek*, da sie besonders vom Praktiker genutzt werden kann. Dabei wurde noch untersucht, wie sich die „Schmelztemperaturen" ändern, wenn die Belastungen variiert werden. Eine Graphik läßt erkennen, bis zu welchen Belastungsgrößen keine Veränderungen eintritt. Die Paraffinbadmethode gibt grundsätzlich niedrigere Werte als die anderen Methoden. Die untersuchten Beispiele sind mehr oder weniger abhängig von der Untersuchungsmethodik und Fasertype, so daß allgemeingültige Werte nicht erhalten werden. Die Arbeit ist strafl, klar und übersichtlich abgefaßt und gibt Anregungen für weitere Untersuchungen.

W. Bobeth

Analytical chemistry of Polymers. Part I: Analysis of Monomers and Polymeric Materials. Hgg. von *Gordon M. Kline.* (HIGH POLYMERS Bd. XII). New York und London: Interscience Publishers 1959. XVIII, 666 S. 8°. Lwd. 132 s.

Ziel des vorliegenden Teilbandes ist es, für die zur Herstellung von Plasten, Harzen, Elastomeren und Fasern interessierenden synthetischen und natürlichen Hochpolymeren eine Zusammenstellung der in der Originalliteratur recht verstreuten und oft schwer auffindbaren Analysenvorschriften zu geben. Systematisch gegliedert nach Substanzklassen werden in 17 voneinander unabhängigen Kapiteln Methoden zur Reinheitskontrolle der Monomeren wie zur Beurteilung der Polymeren für folgende Verbindungsklassen behandelt: Acrylharze — Alkydharze — Aminoplaste — Cellulosederivate (Cellulosenitrat, Celluloseacetat, Methyl- und Äthylcellulose, Carboxymethylcellulose) — Epoxydharze — Polyäthylen und fluorierte Polyätylene — Furanharze — natürliche Harze — Phenolharze — Polyamide — Polyesterharze — Proteine (u. a. Casein, Gelatine, Knochenleim) — Elastomere — Silikone — Styrol- und Polystyrol — Vinylpolymere und Copolymere — Ionenaustauschharze. Der Abschluß des Buches bilden drei Abschnitte über Weichmacher, über die Identifizierung natürlicher und künstlicher Fasern und über trocknende Öle. Der Zielsetzung des Buches entsprechend ist die Darstellung zwangsläufig etwas heterogen, indem neben den zumeist im Mittelpunkt stehenden klassischen chemischen Analysenmethoden auch kolloidchemische Konventionsmethoden und in einzelnen Fällen moderne physikalische Analysenverfahren (UR-Spektroskopie, Kristallinitätsbestimmung aus dem Röntgenbeugungsdiagramm) berücksichtigt werden. Zur Einarbeitung in die Grundlagen der modernen Polymeranalytik ist das vorliegende Buch verständlicherweise nicht geeignet; es sei an dieser Stelle auf den didaktisch vorzüglichen zweiten Teilband[1]) verwiesen, der sich vom methodischen Standpunkt mit den Problemen der Analytik hochpolymerer Substanzen auseinandersetzt. Hingegen stellt der hier vorliegende erste Teilband durch eine Fülle detaillierter und oft mit Skizzen oder Diagrammen erläuterter Arbeitsvorschriften eine wertvolle Fundgrube von Informationen dar für alle Fachkollegen, die praktisch auf dem Gebiet der Analytik der Hochpolymeren tätig sind und hierbei ein breites Spektrum verschiedenster Verbindungsklassen zu bearbeiten haben.

B. Philipp

[1]) S. d. Ztschr. **11** (1963) 7, S. 301—302.

Patentschau

Auszug aus der Lieferung 19/20/1963 der Patentschau „Faserstoffe und Textiltechnik", Ausgabe A: Faserstoffe einschl. Kunststoffe und organ. Grundsubstanzen, zusammengestellt von der Abteilung Wissenschaftliches Berichtswesen des Instituts für Faserstoff-Forschung, Teltow-Seehof, Kantstr. 55

Die Patentschau ist nach der deutschen Patentklasseneinteilung gegliedert. Es bedeuten: DAP = Deutsches Ausschließungspatent (DDR); DWP = Deutsches Wirtschaftspatent (DDR); DBR = Deutsches Bundespatent; DAS = (West)-Deutsche Auslegeschrift; OeP = Österreichisches Patent; SchweizP = Schweizer Patent; FP = Französisches Patent; BP = Britisches Patent; SchwedP = Schwedisches Patent; SP = Sowjetisches Patent; ČP = Tschechisches Patent; USP = Amerikanisches Patent; — A = Anmelde-, B = Bekanntmachungs-, E = Erteilungsdatum.

Klasse 12o, 6

USP 3097051. Celluloseesteranhydride in Faserform. Erf.: *R. H. Wade.* Inh.: United States of America. A. 18. 11. 58, E. 9. 7. 63, Kl.: 8—120. 14 Anspr. A.-Z.: 774783.

Klasse 29a

FP 1334902. Verbesserungen der Verfahren und Vorrichtungen zur Herstellung von künstlichen Fäden nach der Methode des Spinnens in Rohren und dadurch erhaltene Produkte. Inh.: Algemene Kunstzijde Unie N. V. A. 7. 1. 57, E. 8. 7. 63, Int. Kl.: D 01d. A.-Z.: 729003. Prior.: 11. 4. 56 (Ndld.; A.-Z.: 206206).

FP 1334910. Verfahren und Vorrichtung zur Herstellung genauer Flüssigkeitsmischungsverhältnisse, insbesondere von gefärbten Lösungen, die zum Spinnen bestimmt sind. Inh.: J. Fulier. A. 23. 9. 57, E. 8. 7. 63, Int. Kl.: D 01d; B 01f. A.-Z.: 746001.

DWP 25424. Spinndüse zum Erzeugen von Hohlfäden, -bändchen, Schläuchen u. dgl. Erf. u. Inh.: *Behm, Willy*, Oberpreilipp. A. 17. 12. 55, Ausg. 27. 5. 63, Kl.: 29a, 6/04. A.-Z.: WP 29a/40558.

DAS 1153129. Spinnmaschine für starke Viskosefadenkabel mit Abgasabsaugung. Erf.: *Dr. H. Rüping*, u. *W. Vollmer.* Anm.: Metallgesellschaft AG, Frankfurt a. M. A. 30. 4. 56, B. 22. 8. 63, Kl.: 29a, 6/06. A.-Z.: M 30391. Prior.: 19. 7. 55 (Jap.; A.-Z.: 19470).

FP 81027 Zus. z. Pat. 1298508 (Aj.). Verfahren und Vorrichtung zur Herstellung von feinen Fasern aus thermoplastischen organischen Stoffen. Inh.: Compagnie de Saint-Gobain. A. 27. 1. 62, E. 10. 6. 63, Int. Kl.: D 01d. A.-Z.: 886122.

ČP 107432. Fixierkörper zur Herstellung von Kräuselgarn aus thermoplastischen Materialien. Erf.: *R. Tománek.* 14. 10. 59/15. 12. 62/15. 6. 63, Kl.: 29b, 5/04. A.-Z.: 5880/59.

USP 3095630. Verfahren und Vorrichtung zur Herstellung wechselnd elastisch gemachter Garne. Erf.: *E. H. Pitmann.* Inh.: Milliken Research Corp., Spartanburg, S. C. A. 12. 11. 59, E. 2. 7. 63, Kl.: 28—1. 9 Anspr. A.-Z.: 825508.

USP 3097991. Synthetische faserförmige Produkte. Erf.: *W. A. Miller*, u. *Ch. N. Merriam jr.* Inh.: Union Carbide Corp. A. 10. 6. 57, E. 16. 7. 63, Kl.: 162—157. 6 Anspr. A.-Z.: 664772.

PolnP 47475. Rollenstreckwerk für Bandverstreckung. Erf.: Mgr. Ing. *H. Uzdowski* u. Mgr. Ing. *L. Korycki.* Inh.: Instytut Włókiennictwa Lódź (Pol.). A. 4. 4. 63, E. 15. 8. 63, Kl.: 29a, 6/07.

SP 153772 (Urheberschein). Verfahren zur Durchführung des Spinnkabels im Nachbehandlungsaggregat. Erf.: *B. C. Abovskij, L. I Gajlevskij, P. N. Zernov, F. I. Lavrušin, A. M. Nikonov, A. Ja. Rozenberg, B. A. Smykov, N. A. Surov* u. *E. V. Zajceva.* A. 23. 4. 62, B. 16. 7. 63. Kl.: 29a, 6/05. A.-Z.: 775238/28—12.

USP 3077412. Vorrichtung zur Garnbehandlung. Erf.: *R. P. Becher.* Inh.: E. I. du Pont de Nemours and Co., Wilmington, Del. A. 8. 8. 61, E. 16. 7. 63. Kl.: 28—1, 4 Anspr. A.-Z.: 130110.

OeP 230012. Vorrichtung zur Behandlung von Garnen. Inh.: E. I. du Pont de Nemours & Co., Wilmington (USA), 4. 4. 61/15. 3. 63/15. 9. 63, Kl.: 29a, 7/08. A.-Z.: 2724/61.

USP 3095607. Spinndüsenvorrichtung. Erf.: *J. S. Cobb.* Inh.: E. I. du Pont de Nemours & Co., Wilmington, Del. A. 10. 7. 62, E. 2. 7. 63, Kl.: 18—8. 4 Anspr. A.-Z.: 208748.

PolnP 47450. Verfahren zur Entlüftung und Hermetisierung von Spinnmaschinen für Viskosecord sowie Vorrichtung zur Anwendung dieses Verfahrens. Erf.: Mgr. Ing. *St. Drzewiński, Z. Oleksiński*, Ing. *J. Drazkiewicz*, Ing. *St. Zalewski* u. Ing. *T. Jaroszyński.* Inh.: Biuro Projektów Przemyslu Włókien Sztucznych, Lódź (Pol.). A. 24. 9. 62, E. 15. 8. 63. Kl. 29a, 7.

SP 153774 (Urheberschein). Vorrichtung zum Ausgleich des Mechanismus der Fadenführer einer Zentrifugenspinnmaschine. Erf.: *V. S. Kuskin, V. I. Taršinov, V. A. Archangel'skij* u. *L. S. Piščikova*, A. 25. 6. 62, B. 16. 7. 63, Kl.: 29a, 6/15. A.-Z.: 783798/28—12.

DAS 1153130. Aus Stauchkammer und Förderwalzenpaaren bestehende Kräuselvorrichtung für Kunstfäden. Erf.: Dipl.-Ing. *H. Schippers* u. *H. Kubler.* Anm.: Barmer Maschinenfabrik AG, Wuppertal-Oberbarmen, A. 6. 8. 58, B. 22. 8. 63, Kl.: 29a, 6/20. A.-Z.: B 49873.

DWP 25365. Verfahren und Vorrichtung zur Herstellung von gekräuselten schmelzgesponnenen Formgebilden. Erf. u. Inh.: *Willy Behm*, Oberpreilipp. A. 11. 3. 57, Ausg. 15. 5. 63, Kl.: 29a, 6/04. A.-Z.: WP 29a/47835.

DWP 25363. Verfahren zur Steuerung des Schmelzstandes in Spinnmaschinen für synthetische lineare Hochpolymere. Erf. u. Inh.: *Otto Weidemann*,

Uhlstädt, *Karl Schulze*, Rudolstadt, u. *Günther Siemer*, Orlamünde (Thür.). A. 12. 3. 59, Ausg. 14. 5. 63, Kl.: 29a, 6/31. A.-Z.: WP 29a/60038.
DWP 25385. Vorrichtung zur Regelung des Verstreckverhältnisses von Faserkabeln und zum Aussortieren von Faserstapeln bei der Herstellung von Stapelfasern aus synthetischen linearen Hochpolymeren. Erf. u. Inh.: Dr. *Ehrhard Fritzsche*, Premnitz, Dipl.-Ing. *Wilhelm Jugel*, Premnitz, Dipl.-Phys. *Klaus Seifert*, Premnitz. A. 31. 3. 59, Ausg. 24. 5. 63, Kl.: 29a, 6/31, A.-Z.: WP 29a/61612.
USP 3095606. Verfahren und Vorrichtung zur Herstellung kaltverstreckter Monofilfäden. Erf.: *J. N. Scott*. Inh.: Phillips Petroleum Co., Del. A. 20. 3 .61, E. 2. 7. 63, Kl.: 18–8. 3 Anspr. A.-Z.: 97089.
USP 3095 608. Verfahren und Vorrichtung zum Auspressen und Härten polymerer Kompositionen. Erf.: *D. D. Munsell*. Inh.: Cabot Corp., Boston, Mass. A. 9. 12. 59, E. 2. 7. 63, Kl.: 18–14. 7 Anspr. A.-Z.: 858396.

Klasse 29 b

USP 3096144. Verfahren zur Herstellung von anorganischen Fasern. Erf.: *E. Wainer* u. *E. F. Mayer*. Inh.: Horizons Inc., Cleveland, Ohio. A. 12. 8. 60, E. 2. 7. 63, Kl.: 18–54. 6 Anspr. A.-Z.: 49158.
OeP 230013. Verfahren zur Herstellung von Fäden, Fasern, Folien u. dgl. aus Viskose. Inh.: N. V. Onderzoekinginstituut Research, Arnhem (Ndld.). 17. 11. 61/15. 3. 63/15. 9. 63, Kl.: 29b, 11/12. A.-Z.: 8696/61, Prior.: 18. 11. 60 (Ndld.).
USP 3097414. Kräuselfähige Fasern aus Regeneratcellulose. Erf.: *R. Woodell*. Inh.: Beaunit Corp. A. 30. 10. 58, E. 16. 7. 63, Kl.: 28–82, 2 Anspr. A.-Z.: 770656.
USP 3097192. Elastische Fäden aus Polyester/Urethan/Harnstoff-Polymerisaten. Erf.: *R. J. Schilit*. Inh.: E. I. du Pont de Nemours & Co., Wilmington, Del. A. 9. 1. 58, E. 9. 7. 63, Kl.: 260–75. 12 Anspr. A.-Z.: 707861.
USP 3097416. Textilfäden. Erf.: *A. H. McKinney*. Inh.: E. I. du Pont de Nemours and Co., Wilmington, Del. A. 26. 9. 60, E. 16. 7. 63, Kl.: 28–82. 10 Anspr. A.-Z.: 58342.
FP 1333327. Verfahren zur Behandlung von Polyoxymethylenfasern mit dem Ziel, diese industriell nutzbar zu machen. Erf.: *R. Fourcade*, u. *T. Van de Walle*. Inh.: Houilleres du Bassin du Nord et du Pas-de-Calais. A. 7. 9. 62, E. 17. 6. 63. Int. Kl.: C 08g. A.-Z.: 908832. Prior.: 15. 1. 62 (Ndld.; A.-Z.: 273547).
USP 3097053. Verfahren zur Herstellung von synthetischen Acrylnitrilfasern. Erf.: *Kurioka, Shohei, Yamamoto, Takasi*, u. *Matsushita, Fukusaburo*. Inh.: Toho Rayon Kabushiki Kaisha, A. 26. 5. 61, E. 9. 7. 63, Kl.: 18–48. 3 Anspr. A.-Z.: 112787. Prior.: 8. 6. 60 (Jap.).
USP 3097054. Verfahren zur Herstellung stark schrumpfender Textilfasern. Erf.: *W. G. Routson* u. *Th. C. Spence*. Inh.: The Dow Chemical Co., Midland, Mich. A. 26. 8. 60, E. 9. 7. 63, Kl.: 18–54. 8 Anspr. A.-Z.: 52019.
USP 3097055. Verfahren zur Herstellung stark schrumpfender Textilfasern. Erf.: *W. G. Routson* u. *Th. C. Spence*. Inh.: The Dow Chemical Co., Midland, Mich. A. 26. 8. 60, E. 9. 7. 63, Kl.: 18–54. A.-Z.: 52020.
USP 3097415. Acrylnitrilfaser und Verfahren zu deren Herstellung. Erf. *M. L. Davis*. Inh.: E. I. du Pont de Nemours and Co., Wilmington, Del. A. 20. 2. 59, E. 16. 7. 63, Kl.: 28–82. 2 Anspr. A.-Z.: 794511.
ČP 107077. Verfahren zur Präparation von Textilfasern. Erf.: NRDr. *L. Šroll*. 4. 5. 62/15. 2. 63/15. 7. 63, Kl.: 29b, 5/01. A.-Z.: 2731/62.
FP 1333127 (Aj.). Neue Kräuselfäden und daraus hergestellte Textilien. Inh.: Moulinage et Retorderie de Chav Anoz. A. 5. 6. 62, E. 17. 6. 63, Int. Kl.: D 02d. A.-Z.: 899756.
USP 3096562 Zus. z. Pat. m. A.-Z.: 861001. Verfahren zur Behandlung von Fasern. Erf.: *C. J. Russo, A. L. Trifunovic* u. *H. A. Sinski*. Inh.: Joseph Bancroft & Sons Co., Wilmington, Del. A. 18. 1. 61, E. 9. 7. 63, Kl.: 28–75. 2 Anspr. A.-Z.: 83508.

Klasse 39c

DAS 1153170. Verfahren und Vorrichtung zur kontinuierlichen Herstellung von spinnbaren Polyharnstoffen. Erf.: *Y. Inaba, J. Kimoto, H. Jiyama, K. Matsuzaki* u. *T. Nakagawa*. Inh.: Toyo Koatsu Industries, Inc., Tokio. A. 25. 5. 61, B. 22. 8. 63, Kl.: 39c, 6. A.-Z.: T 20210.
USP 3097 176. Herstellung elastomerer, zellförmiger Polyurethane. Erf.: *N. R. Bender* u. *Theodore R. Ten Broeck*. The Goodyear Tire & Rubber Co., Akron, Ohio. A. 22. 1. 57, E. 9. 7. 63, Kl.: 260–2,5. 4 Anspr. A.-Z.: 635093.
FP 1333218. Faserförmige lineare Copolyamide und Verfahren zu ihrer Herstellung. Inh.: Toho Rayon Kabushiki Kaisha. A. 15. 6. 62, E. 17. 6. 63, Int. Kl.: C 08g. A.-Z.: 900838. Prior.: 29. 9. 61 (Jap.; A.-Z.: 35173/61).
BP 919096 Zus. z. Pat. 905475. Lineare Polyphthalamide. Inh.: W. R. Grace & Co. A. 8. 5. 61, Kl. 2 (5). A.-Z.: 16725/61.
PolnP 47302. Verfahren zur Herstellung von lichtbeständigen Polyamiden. Inh.: Snia Viscosa Società Nazionale Industria Applicazioni Viscosa S. p. A., Mailand (Ital.), A. 30. 6. 61, E. 15. 8. 63, Kl.: 39c, 10. Prior.: 2. 7. 60 (Ital.).
PolnP 47303. Verfahren zur Herstellung von lichtbeständigen Polyamiden. Inh.: Snia Viscosa Società Nazionale Industria Applicazioni Viscosa S. p. A., Mailand (Ital.). A. 30. 6. 61, E. 15. 8. 63, Kl.: 39c, 10. Prior.: 2. 7. 60 (Ital.).
PolnP 47304. Verfahren zur Herstellung von lichtbeständigen Polyamiden. Inh.: Snia Viscosa Società Nazionale Industria Applicazioni Viscosa S. p. A., Mailand (Ital.). A. 30. 6. 61, E. 15. 8. 63, Kl.: 39c, 10. Prior.: 2. 7. 60 (Ital.).
USP 3097181. Komposition aus Polypyrrolidon und einem weiteren Polyamid. Erf.: *S. A. Glickman, E. S. Miller* u. *M. E. Chiddix*. Inh.: General Aniline & Film Corp., New York, N. Y. A. 24. 11. 59, E. 9. 7. 63, Kl.: 260–42. 5 Anspr. A.-Z.: 855030.
DAS 1153902. Verfahren zur Herstellung von optisch aktiven Polyestern. Erf.: Dipl.-Chem. *H.-H. Kleine*. Anm.: Dr.-Ing. Johannes Kleine, München, A. 29. 1. 54, B. 5. 9. 63, Kl.: 39c, 16. A.-Z.: K 20953.
DWP 25393. Verfahren zur Herstellung von höhermolekularem Polyacrylnitril. Erf. u. Inh.: Dr. *A. Hunyar*, Teltow-Seehof; *M. Kubanczyk*, Teltow-Seehof u. Dr. *J. Ulbricht*, Teltow-Seehof. A. 26. 2. 60, Ausg. 15. 5. 63, Kl.: 39c, 25/1. A.-Z.: WP 39c/66213.
DAS 1152822. Verfahren zur Herstellung von unmittelbar verspinnbaren Lösungen von Acrylnitrilpolymerisaten. Erf.: Dr. *A. Hunyar* u. Dr. *V. Gröbe*. Anm.: Deutsche Akademie der Wissenschaften zu Berlin, Berlin. A. 14. 2. 58, B. 14. 8. 63, Kl.: 39c, 25/01. A.-Z.: D 27425.
DAS 1153171. Verfahren zur Herstellung von Acrylnitrilpolymerisaten. Erf.: Dr. *W. Rausch*. Anm.: Farbenfabriken Bayer AG, Leverkusen. A. 9. 6. 61, B. 22. 8. 63, Kl.: 39c, 25/01. A.-Z.: F 34128. .
DAS 1153529. Verfahren zur Herstellung von Mischpolymerisaten aus Acrylsäure- oder Methacrylsäureestern. Erf.: Dr. *T. Völker* u. *K. Ross*. Anm.. Röhm & Haas GmbH, Darmstadt. A. 9. 9. 61, B. 29. 8. 63, Kl.: 39c, 25/01. A.-Z.: 31072.
FP 1334937 (Aj.). Verfahren zur Herstellung von Perlpolymeren und -copolymeren aus Vinylhalogeniden. Erf.: *R. S. Holdworth* u. *W. M. Smith*, Inh.: Escambia Chemical Corp. A. 24. 4. 61, E. 8. 7. 63, Int. Kl.: C 08f. A.-Z. 859699.
PolnP 47298. Verfahren zur Polymerisation von α-Olefinen. Inh.: Montecatini Soc. Gen. per l'Industria Mineraria e Chimica, Mailand (Ital.). A. 5. 6. 61, E. 15. 8. 63, Kl.: 39c, 25/01. Prior.: 10. 6. 60 (Ital.).
ČP 107423. Verfahren zur Herstellung amorpher, linearer, hochmolekularer Copolymerer von α-Olefinen. Erf.: *R. Mostardini, R. Magri, R. Lanzo* u. *M. Piazza*. 10. 12. 58/15. 12. 62/15. 6. 63, Kl.: 39c, 25/01. A.-Z.: 6380/58. Prior.: 11. 12. 57 (Ital.).
ČP 107448. Verfahren zur Polymerisation von Vinylpyridinen. Erf.: *G. Natta, G. Mazzanti, P. Longi, G. Dall'Asta* u. *F. Bernardini*. 21. 6. 60/15. 12. 62/15. 6. 63, Kl.: 39c, 25/01. A.-Z.: 3986/60. Prior.: 25. 6. 59 (Ital.).
USP 3094500. Vinylesterpolymeremulsion, die Polyvinylalkohol enthält. Erf.: *St. C. Herman*. Inh.: Shawinigan Resins Corp., Springfield, Mass. A. 31. 8. 59, E. 18. 6. 63, Kl.: 260–29,6. 4 Anspr. A.-Z.: 836930.
USP 3097185. Pfropfcopolymerisate aus bestimmten Acrylamid- und Methacrylamidmonomeren auf Polyvinyllactamen und damit erhältliche verbesserte Acrylnitrilpolymerisatkompositionen. Erf.: *A. Armen* u. *F. A. Ehlers*. Inh.: The Dow Chemical Co., Midland, Mich. A. 29. 7. 58, E. 9. 7. 63, Kl.: 260–45,5. 17 Anspr. A.-Z.: 751733.
USP 3097194. Verfahren zur Herstellung phosphorylierter, elastomerer Copolymerisate des Äthylens und Propylens. Erf.: *E. C. Leonard* u. *W. L. Wheelwright*, Inh.: Union Carbide Corp. A. 21. 1. 60. E. 9. 7. 63, Kl.: 260–88, 2. 7 Anspr. A.-Z.: 3737.
USP 3098060. Herstellung von Polyacrylnitril hohen Molekulargewichts mit n-Butyllithium als Katalysator. Erf.: *M. L. Miller*. Inh.: American Cyanamid Co., New York, N. Y. A. 27. 5. 60. E. 16. 7. 63, Kl.: 260–88,7. 2 Anspr. A.-Z.: 32073.

Klasse 42k, 50

SP 153796 (Urheberschein). Modellabwickelvorrichtung für die Fäden von den auf Ständern befindlichen Walzen der Schlichtemaschine. Erf.: *I. B. Orlik*. A. 11. 5. 62, B. 16. 7. 63, Kl.: 42k, 50. A.-Z.: 777824/28–12.
SP 153797 (Urheberschein). Meßwandler zur Messung der Spannung eines Fadens. Erf.: *E. E. Vaks*. A. 15. 5. 62, B. 16. 7. 63, Kl.: 42k, 50. A.-Z.: 778791/28–12.

Literaturschau

Auszug aus Lieferung 19 und 20/1963 des Dokumentationsdienstes „Faserstoffe und Textiltechnik"[1]), zusammengestellt von der Abteilung Wissenschaftliches Berichtswesen des Instituts für Faserstoff-Forschung, Teltow-Seehof, Kantstr. 55

I. Wissenschaftliche Grundlagen

Physik und Chemie der Hochpolymeren

Tadokoro, H., Tatsuka, K., u. *Murahashi, S.*, Infrarot-Absorptionsspektren und Struktur von Polyäthylenterephthalat. J. Polymer Sci. **59** (1962) 168, S. 413–423.
Kawaguchi, Y., Yoshizaki, O., u. *Nagai, E.*, Untersuchungen über die kristalline Modifikation von Polyamid 6. II. Infrarot-Absorptionsuntersuchungen über die Kristallstrukturen von aus wäßrigen Ameisensäurelösungen gegossenen Polyamid-6-Filmen. Chem. High Polymers. Tokyo **20** (1963) 218, S. 337–342 (jap., engl. Zusammenfass.).

[1]) Der Dokumentationsdienst „Faserstoffe und Textiltechnik" ist zu beziehen vom Institut für Dokumentation der DAW, Berlin W 8, Unter den Linden 8. Er wird gemeinsam bearbeitet von den Dokumentationsstellen im Institut für Faserstoff-Forschung der DAW, Teltow-Seehof, Forschungsinstitut für Textiltechnologie, Karl-Marx-Stadt, und Institut für Textiltechnologie der Chemiefasern, Rudolstadt.

Konstantinopol'skaja, M. B., Berestneva, Z. Ja., u. *Kargin, V. A.*, Über fibrillare Einzelkristalle in Polyamidcopolymeren. Dokl. Akad. Nauk SSSR (Ber. Akad. Wiss. UdSSR) **151** (1963) 5, S. 1108–1109.
Schneider, B., u. *Vodnanský, J.*, Eine Untersuchung über die Beziehung zwischen Infrarotspektrum und kristalliner Struktur der Cellulose. Coll. czechoslov. chem. Commun. **28** (1963) 8, S. 2080–2088.
Damerau, W., Laßmann, G, u. *Thom, H.-G.*, ESR-Untersuchungen an einigen zyklischen Oligomeren des Caprolactams nach γ-Bestrahlung. Z. physik. Chemie Leipzig **223** (1963) 1/2, S. 59–65.
Loy, B. R., Elektronenspinresonanz von Polypropylen. J. Polymer Sci., Part A **1** (1963) 7, S. 2251–2259.
Filipovich, G., Magnetische Kernresonanz bei festem Polypyrrolidon. J. Polymer Sci., Part A **1** (1963) 7, S. 2279–2288.
Jones, D. W., Protonmagnetische Resonanzabsorption in trockenem Polyamid 66 und 610. J. Polymer Sci. **59** (1962) 168, S. 271–281, 8 Abb.
Nelson, M. L., u. *Schultz jr., E. F.*, Röntgenbeugungsdiagramme von Baumwolle. Einfluß des Probengewichtes und anderer Variabler. Textile Res. J. **33** (1963) 7, S. 515–520.

Zubov, Ju. A., *Markova, G. S.*, u. *Kargin, V. A.*, Röntgenographische Untersuchung von Polyäthylen-, Polycaproamid- und Polyäthylenterephthalatfasern. Vysokomol. Soed. (Hochmol. Verbind.) **5** (1963) 8, S. 1171–1177.

Mann, J., u. *Roldan-Gonzalez, L.*, Orientierung in Polyamid-Sphärolithen: Eine Röntgenbeugungsuntersuchung. J. Polymer Sci. **60** (1962) 169, S. 1–20.

Berestnev, V. A., *Razikov, K. Ch.*, u. *Kargin, V. A.*, Untersuchung der übermolekularen Struktur von Kapronfasern. Vysokomol. Soed. (Hochmol. Verbind.) **5** (1963) 8, S. 1156–1159.

Hearle, J. W. S., Die Feinstruktur von Fasern und kristallinen Polymeren. I. Faserstruktur von Fibrillen. II. Das Wachstum von kristallinen Bereichen in Fasern. III. Deutung der mechanischen Fasereigenschaften. J. appl. Polymer Sci. 7 (1963) 4, S. 1175–1192, S. 1193–1206, S. 1207 bis 1223.

Yoshitake, I., *Obuchi, S.*, *Tsuneda, T.*, u. *Maeda, H.*, Die Veränderung in der Feinstruktur von Kunstseide durch Pfropfen mit Methylacrylat. J. Soc. Textile Cellulose Ind., Japan **19** (1963) 7, S. 540–546. (jap., engl. Zusammenfass.).

Urbańczyk, G. W., Über die Veränderung der Kristallinität und durchschnittlichen Kristallitgröße bei Polycaprolactamfäden während des Kaltverstreckungsprozesses. J. Polymer Sci. **59** (1962) 167, S. 215–220.

Berestnev, V. A., *Dubova, L. S.*, u. *Kargin, V. A.*, Über die quantitative Beurteilung einiger Parameter der übermolekularen Struktur von Viskosefasern. Chim. Volokna (Chem. Fasern) **5** (1963) 4, S. 32–33.

de Wolff, P. M., Über den Lorentz-Faktor für die integrierten Intensitäten von azimutalen und radialen Aufzeichnungen von Faserbeugungsdiagrammen. J. Polymer Sci. **60** (1962) 169, S. S 34–S 36.

Michajlov, N. V., *Gorbačeba, V. O.*, *Chait, Ė. V.*, *Kačanjuk, Ju. K.*, u. *Chochlova, N. S.*, Molekularstruktur und physikalisch-mechanische Eigenschaften von Polyamidcord. Chim. Volokna (Chem. Fasern) **5** (1963) 4, S. 26–28.

Putzger, D., Magnetische Anisotropieuntersuchungen an Glasfasern, DEDERON- und PeCeU-Borsten. Teil I. Theoretische Grundlagen. Faserforsch. u. Textiltechnik **14** (1963) 10, S. 425–431.

Stephenson, C. V., u. *Wilcox, W. S.*, Ultraviolett-Bestrahlung von Kunststoffen. IV. Weitere Untersuchungen der Umgebungseinflüsse auf Filme und Fasern. J. Polymer Sci., Part A **1** (1963) 8 ,S. 2741–2752.

Michajlov, N. V., *Strašnova, T. T.*, u. *Terechova, G. M.*, Bestimmungsmethode von Phosphor in Polymeren und in Fasern auf der Basis dieser Polymeren. Chim. Volokna (Chem. Fasern) **5** (1963) 4, S. 66–67.

Howard, G. J., Trübungstitration von Polyamid 66. J. Polymer Sci., Part A **1** (1963) 8, S. 2667–2678.

Polymerisation

Koršak, V. V., *Mozgova, K. K.*, u. *Krukovskij, S. P.*, Herstellung von Pfropfcopolymeren aus Polyäthylenterephthalat (Lawsan) und Methylmethacrylat. Plastičeskie Massy, Moskva (Plast. Massen) (1963) 7, S. 5–7.

Iwai, S., *Kakurai, T.*, u. *Noguchi, T.*, Untersuchungen über die Acrylnitril/Styrol-Pfropfcopolymerisation an Cellulose durch Cersalz. J. Soc. Textile Cellulose Ind., Japan **19** (1963) 7, S. 547–551 (jap., engl. Zusammenfass.).

Andrianov, K. A., u. *Emel'janov, V. N.*, Über die Synthese von Polyestern und Polyesteramiden mit cyclisch-vernetzter Struktur. Izv. Akad. Nauk SSSR. Otd. chim. Nauk (Nachr. Akad. UdSSR, Abt. chem. Wiss.) (1963) 7, S. 1267–1272.

Koršak, V. V., *Frunze, T. M.*, *Pavlova, S. A.*, u. *Kurašev, V. V.*, Aus dem Gebiet der Polyamide mit Heteroketten. XXXV. Die Änderung der Interphasenpolykondensations-Geschwindigkeit und der Fraktionszusammensetzung von Polyhexamethylenadipamid. Vysokomol. Soed. (Hochmol. Verbind.) **5** (1963) 8, S. 1130–1134.

Joshi, R. M., Wärmen von Polymerreaktionen. III. Methacryl-, Acryl- und Vinylester einiger Copolymerisationssysteme mit alternierender Wachstumsreaktion. Makromol. Chemie **66** (1963) S. 114–125.

Wookham, W. T., Über den Mechanismus der Bildung kurzkettiger Verzweigungen bei der Hochdruck-Äthylenpolymerisation. J. Polymer Sci. **60** (1962) 170, S. S 68–S 69. s. a.: J. amer. chem. Soc. **75** (1953) S. 6110 (Roedel).

Erusalimskij, B., *Duntoff, F.*, *Tumarkin, H.*, (Schreibw. i. Orig.: Erussalimsky, B.). Radikalpolymerisation von Äthylen unter- und oberhalb des Schmelzpunktes des Polymeren. Makromol. Chemie **66** (1963) S. 205–208.

Pasquon, I., Erörterung des Abbruchprozesses der polymeren Kette bei der stereospezifischen Polymerisation von Propylen. J. Polymer Sci. **60** (1962) 169, S. S 47–S 52.

Schnecko, H. W., Über die Polymerisation von Acrylnitril mit Silbernitrat. Makromol. Chemie **66** (1963) S. 19–30.

Okamura, S., *Higashimura, T.*, u. *Seno-o, T.*, Der Einfluß von Katalysatoren und Lösungsmitteln auf die mit Übertragungsreaktionen verlaufende Polymerisation von Acrylamid. Chem. High Polymers, Tokyo **20** (1963) 218, S. 364–368.

Azimov, Z. A., *Korotkov, A. A.*, u. *Micengendler, S. P.*, Polymerisationskinetik und -mechanismus von n-Butylmethacrylat unter den Bildungsbedingungen des isotaktischen Polymeren. Vysokomol. Soed. (Hochmol. Verbind.) **5** (1963) 8, S. 1144–1151.

Askarov, M. A., u. *Trubicyna, S. N.*, Anionische Tieftemperatur-Copolymerisation von Acrylnitril mit Vinylmonomeren. Vysokomol. Soed. (Hochmol. Verbind.) **5** (1963) 8, S. 1235–1239.

Kol'k, A. R., *Konkin, A. A.*, u. *Rogovin, Z. A.*, Synthese von Acrylnitril-Methacrolein-Copolymeren. Chim. Volokna (chem. Fasern) **5** (1963) 4, S. 12–14.

Djurnbaum, V. S., u. *Klimenkov, V. S.*, Herstellung von faserbildenden Copolymeren aus Acrylnitril und 2-Methyl-5-vinylpyridin in wäßrigen Medien und die Faserbildung daraus. Chim. Volokna (Chem. Fasern) **5** (1963) 4, S. 8–11.

Golubeva, A. V., *Tolstikova, Z. D.*, *Sivograkova, K. A.*, u. *Bezborodko, G. L.*, Synthese und Polymerisation von Styrolderivaten. Synthese und Polymerisation von Methylderivaten des Styrols. Plastičeskie Massy, Moskva (Plast. Massen) (1963) 7, S. 8–9.

Iring, M., u. *Tüdös, F.* (Schreibw. i. Orig.: *Tjudes, F.*), Durch Sulfinsäure ausgelöste Polymerisation des Styrols. II. Polymerisation in Gegenwart des Systems Benzoylperoxid — Metall mit veränderlicher Wertigkeit — p-Toluolsulfinsäure. III. Einfluß von Äthylalkohol auf die durch das System p-Toluolsulfinsäure-Benzoylperoxid ausgelöste Polymerisation von Styrol. Acta chim. Acad. Sci. hung **37** (1963) 4, S. 419–433, S. 453 bis 456.

Sakurada, Y., Polymerisation von α-Methylstyrol mit $Al(C_2H_5)_3$-$TiCl_4$ als Katalysator. J. Polymer Sci., Part A **1** (1963) 7, S. 2407–2418.

II. Faserstoffe. Ausgangsstoffe usw.

Vlasova, K. N., *Dobrochotova, M. L.*, *Akutin, M. S.*, *Dukor, A. A.*, u. *Čudina, L. I.*, Mit Glasfasern verstärkte Plaste auf der Basis von niedermolekularen Polamid- und Epoxidharzen. Plastičeskie Massy, Moskva (Plast. Massen) (1963) 7, S. 13–16.

Naturfaserstoffe

Pflanzenfaserstoffe

Madlung, T., Zur Gewinnung von Bastfasern durch chemischen Aufschluß. Faserforsch. u. Textiltechnik **14** (1963) 10, S. 443–448.

Tierische Faserstoffe

Speakman, J. B., Wolltextilien in einem wissenschaftlichen Zeitalter. Textile J. Australia **38** (1963) 5, S. 626–630.

Amtliches Woll-Laboratorium erteilt Konfektionsbetrieben Ratschläge. Textile J. Australia **38** (1963) 7, S. 830, 832, 833.

Johnson, A., Vorschläge für Wolle in neuen Formen. Textile Inst. Ind. **1** (1963) 9, S. 4–7.

Larose, P., u. *Donovan, R.*, Die Sorption von Säuren durch Wolle aus Säuremischungen. III. Die Sorption von Salzsäure und Essigsäure. J. Soc. Dyers Colourists **79** (1963) 9, S. 418–421.

Chemiefaserstoffe

Regeneratfaserstoffe

Sperling, L. H., Charakterisierung von kleinen Gelteilchen in Viskose. J. appl. Polymer Sci. **7** (1963) 4, S. 1411–1423.

Usuda, M., *Otani, M.*, *Nakao, O.*, u. *Migita, N.*, Untersuchungen über den Lösungszustand der Viskose. 1. Über den Lösungszustand von verdünnter Viskose, die durch Emulsionsxanthogenierung hergestellt wurde. J. Soc. Textile Cellulose Ind., Japan **19** (1963) 7, S. 532–536 (jap., engl. Zusammenfass.).

Usuda, M., *Yamazaki, S.*, *Nakao, O.*, u. *Migita, N.*, Untersuchungen über den Lösungszustand der Viskose. 2. Über den Lösungszustand von Diäthylacetamidcellulosexanthat. J. Soc. Textile Cellulose Ind., Japan **19** (1963) 7, S. 532–533, 536–539 (jap., engl. Zusammenfass.).

Barella, A., Einfluß der Zwirnung auf Kunstseiden. Textile Res. J. **33** (1963) 8, S. 579–580.

Die Faser Z. 54 „Polynosic". Melliand Textilber. **44** (1963) 8, S. 882.

Senjušova, S. G., *Šubaev, N. V.*, u. *Kolodner, D. I.*, Nomogramme zur Berechnung von Zusätzen während der Herstellung der Viskose. Chim. Volokna (Chem. Fasern) **5** (1963) 4, S. 68–69.

Hendrix, H., Probleme beim Spinnen von Cupro – Einfluß der Spinnwasserbeschaffenheit auf den Spinnverlauf. Melliand Textilber. **44** (1963) 9, S. 937–942.

Kremnev, O. A., *Borovskij, V. B.*, *Cavdarov, A. S.*, *Rožen, A. P.*, u. *Simko, I. G.*, Oxydation der Alkalicellulose durch ozonisierte Luft. Chim. Volokna (Chem. Fasern) **5** (1963) 4, S. 34–37.

Darvina, V. V., u. *Makarova, T. P.*, Bleiche von Viskosestapelfaser mit optischen Aufhellern. Chim. Volokna (Chem. Fasern) **5** (1963) 4, S. 38–39.

Synthetische Faserstoffe

Struktur für Synthetiks. Man-made Textiles **40** (1963) 470, S. 27.

Mičurina, G. A., *Zverev, M. P.*, *Byčkov, R. A.*, u. *Klimenkov, V. S.*, Erspinnung von Polypropylenfasern aus der Polymerlösung. Chim. Volokna (Chem. Fasern) **5** (1963) 4, S. 18–20.

Načinkin, O. I., u. *Perepelkin, K. E.*, Koagulationskinetik wäßriger Polyvinylalkohollösungen. Chim. Volokna (Chem. Fasern) **5** (1963) 4, S. 21 bis 24.

Smith, A. F., Spandexfaser LYCRA. Mod. Textiles Mag. **44** (1963) 8, S. 47 bis 52.

Künstliche mineralische Faserstoffe

Haár, I., Fertigung von Textilien aus Glasfasern. Magyar Textiltechn. **15** (1963) 8, S. 361–364.

III. Spinnerei (Verspinnen)

Gruoner, Aktuelle Verarbeitungsprobleme in der Kammgarnspinnerei, Möglichkeit der Steuerung und Regelung. Melliand Textilber. **44** (1963) 9, S. 919–924.

Zwierlein, K. J., Vermeidbare Fehler in der Karderie. Melliand Textilber. **44** (1963) 8, S. 870,

Volejník, V., Typenspinnerei der Woll-Teppichgarne. Textil, Praha **18** (1963) 8, S. 291–293.

Spinnereivorbereitung

Kittel, H., Vom klassischen Kammgarnsortiment zum modernen Kurzsortiment. Melliand Textilber. **44** (1963) 9, S. 913–919.

Spinnerei

Die Automation in der Baumwollspinnerei. Melliand Textilber. **44** (1963) 8, S. 877.

Die Technik der Baumwollindustrie in den osteuropäischen Ländern. Ind. textile, Paris (1963) 915, S. 561–573.

„Terylene" in der Kammgarnindustrie. Textile Mercury Argus **149** (1963) 3877, S. 100, 101, 108.

Röder, I., Kabelspinnen der Chemiefasern, seine Möglichkeit und Lage in der Baumwollindustrie der Welt. Magyar Textiltechn. **15** (1963) 8, S. 326 bis 332.

Lorenz, G., Neuere Entwicklungen im kontinuierlichen, automatisierten Faserband-Spinnprozeß für Zellwolle und synthetische Spinnfasern und deren Mischungen mit Baumwollen. Chemiefasern **13** (1963) 9, S. 662 bis 666.

Pitz, J., Berechnung der mittleren Geschwindigkeit einer Ringspinnmaschine mit einem Spinnregler. Ind. Textile, Paris (1963) 915, S. 575–580.

Banu, O., Ein neues Verfahren zur Bestimmung der Häufigkeit der Fadenrisse und des Spulkoeffizienten bei den Ringspinnmaschinen. Ind. textila, Bucureşti 14 (1963) 7, S. 297–300.

IV. Materialvorbereitung. Textile Verbundstoffe

Materialvorbereitung

Spulerei, Facherei

Wegener, W., u. *Schubert, G.*, Das Kreuzspulen synthetischer Garne mit hohen Garn-Abzugsgeschwindigkeiten. I. Melliand Textilber. **44** (1963) 8, S. 798–804; 9, S. 926–932.

Zwirnerei

Mehnert, G., Praktische Hinweise für Musterung und Fabrikation von Noppen-Effektzwirnen. Melliand Textilber. **44** (1963) 8, S. 805–807.
Belicin, M. N., Über die Senkung der Fadenbruchhäufigkeit auf Zwirnmaschinen. Chim. Volokna (Chem. Fasern) **5** (1963) 4, S. 49–52.
Litzler, C. A., Reifencordtrends. Textile Ind. **127** (1963) 8, S. 90H–90L.

Texturfadenherstellung

Maslennikov, K. N., Herstellung von modifizierten Elastikfäden. Chim. Volokna (Chem. Fasern) **5** (1963) 4, S. 53–57.
Morawek, W., Neue Probleme und Anwendungsgebiete gebauschter Filamentgarne. Chemiefasern **13** (1963) 9, S. 685–694.

Schärerei, Zettelei, Schlichterei

Ritter, F., u. *Linke, W.*, Präparieren und Schmälzen. Melliand Textilber. **44** (1963) 8, S. 826–828.
Krkoška, B., u. *Huk, F.*, Neue Erfahrungen mit dem Spicken von Mischfasern in den Streichgarnspinnereien. Textil, Praha **18** (1963) 8, S. 287 bis 291.
Jalke, H., Aktuelle Schlichte-Verfahren. Melliand Textilber. **44** (1963) 8, S. 808–810.
Blumenstein, C. R., Schlichten von synthetischen und Mischgarnen. Textile Ind. **127** (1963) 8, S. 58–68.

V. Weberei

Talavašek, O., Technische Probleme einzelner Websysteme. Textil, Praha **18** (1963) 8, S. 293–296.
Krasny, J. F., *Oliva, E. C.*, u. *Getchell, N. F.*, Voluminöse Baumwollgewebe. Textile Ind. **127** (1963) 6, S. 113, 119, 123, 125.
Thomas, I. H., Kettfadenbrüche in der Weberei. Textile Rec. **81** (1963) 966, S. 95, 97.
Suchecki, St. M., Die Herausforderung von Stretchgeweben. Textile Ind. **127** (1963) 8, S. 51–57.
Decossas, K. M., *Molaison, L. J.*, *Cooper, A. S.*, *Sloan, W. G.*, u. *Brown, J. J.*, Was kostet die Herstellung von Stretchgeweben aus Baumwolle. Textile Ind. **127** (1963) 8, S. 150, 151, 153, 156, 163, 165, 166, 214, 215.

VI. Wirkerei. Strickerei. Konfektionstechnik. Sonstige Technologien

Wirkerei. Strickerei. Konfektionstechnik

Olson, E. S., Baumwolle kann elastische Maschenwaren hervorbringen. Dyer, Textile Printer, Bleacher, Finisher **130** (1963) 5, S. 304–308.
Methoden zur Anbringung von Besatzartikeln an gewirkten bzw. gestrickten Kleidungsstücken. Hosiery Trade J. **70** (1963) 837, S. 163–168.
Heby, J., u. *Kopp, E.*, Textile Rohstoffe – spezifische Anforderungen und Verarbeitungseigenschaften aus dem Blickwinkel der Branche Untertrikotagen. Dt. Textiltechnik **13** (1963) 9, S. 478–481.

Wirkerei

Teodorescu, I., u. *Hanganu, V.*, Modernisierung der Raschel-Wirkmaschine). Ind. textilă, Bucureşti **14** (1963) 7, S. 311–319.
Greis, St., Die Erzeugung von Oberbekleidungsstoffen auf Raschelmaschinen. Melliand Textilber. **44** (1963) 9, S. 966–968.
Frenzel-Beyme, S., Paraffinieren nach neuem Prinzip. Melliand-Textilber. **44** (1963) 9, S. 953–955.

Strickerei

Neu belebendes Interesse an einer einmaligen Faser. Hosiery Trade J. **70** (1963) 837, S. 155.

Konfektionstechnik

Orlov, I. V., u. *Gerasimova, A. N.*, Bildung von Einzelheiten für Konfektionserzeugnisse aus Porolon. Mitt. 1. Bildung von Porolon auf einer sphärischen Oberfläche. Izv. vysšich uč. Technol. legkoj Prom. (Hochschulnachr. Technol. Leichtind.) (1963) 4, S. 113–118.
Jurga, J., Mittels Regulationswerkstätte zu höherem Niveau der Organisation in der Bekleidungsindustrie. Textil, Praha **18** (1963) 8, S. 305–306.

VII. Textilveredlung

Štandera, O., Zu den neuzeitlichen Tendenzen in der Textilausrüstung. Textil, Praha **18** (1963) 8, S. 301–303.
Kerres, B., Über die Veredlung der Polyesterfaser „Vestan". Melliand Textilber. **44** (1963) 8, S. 832–833.
Gygaux, R., u. *Stein, H. I.*, Praxisverfahren zur Veredlung von Helanca-Nylonelastic- und Cellulosefasergeweben, die zur Konfektionierung zu Ski-, Straßen- und Campinghosen bestimmt sind. Fibre e Colori, Milano **13** (1963) 7, S. 243–246.
van Beek, H. C. A., u. *Heertjes, O. M.*, Verbesserung der Waschechtheiten von Färbungen auf Protein- und Polyamidfasern durch Behandlung mit Carbodiimiden. Melliand Textilber. **44** (1963) 9, S. 987–993.
Mrowietz, R., Färben und Ausrüsten von Bändern und Gurten. Melliand Textilber. **44** (1963) 9, S. 985–986.
Schönefeld, H., Bindersysteme für den Pigmentdruck auf Textilien. Dt. Textiltechnik **13** (1963) 9, S. 481–485.

Farbstoffe. Textilhilfsmittel

Goerrig, D., Alkaliboranate als Reduktionsmittel für Küpenfarbstoffe und andere Verbindungen. Teil I u. II. Melliand Textilber. **44** (1963) 8, S. 839–843; 9, S. 994–998.
Ubaldini, I., Synthetische Farbstoffe. VIII. Fibre e Colori, Milano **13** (1963) 7, S. 225–239.
Nuessle, A. C., Einige Bemerkungen zur Bewertung und Anwendung von oberflächenaktiven Mitteln. Amer. Dyestuff Rep. **52** (1963) 15, S. 37 (P 565)–46 (P 574).
Cliffe, W. H., Eine historische Betrachtung über die Farbstoffindustrie. J. Soc. Dyers Colourists **79** (1963) 8, S. 353–363.
Staab, W., Fortschritte in der Anwendung von Naphtol AS-Kombinationen auf Cellulosefasern. Melliand Textilber. **44** (1963) 9, S. 978–982.
Kiel, E. G., u. *Heertjes, P. M.*, Metallkomplexe des Alizarins. IV. Die Struktur der Kalium- und Calciumsalze des Alizarins und 3-Nitroalizarins. J. Soc. Dyers Colourists **79** (1963) 8, 363–367.

Färberei

Légrádi, L., Färben von Wollfasern mit Schwefelfarbstoffen. Melliand Textilber. **44** (1963) 8, S. 834–836.
Maurer, P., Faserschützende Wollveredlung. Melliand Textilber. **44** (1963) 8, S. 837–839.
Rosenbaum, S., Färben von Polyacrylnitrilfasern. I. Diffusionsgeschwindigkeit von Malachitgrün und Diffusionsmodell. J. appl. Polymer Sci. **7** (1963) 4, S. 1225–1242.
Weber, R., Foulardiertechnik und Foulardkonstruktionen. Melliand Textilber. **44** (1963) 8, S. 845–847.
Logan, A. L., u. *Winkler, M. W.*, Das Färben von Creslan-Typ 63. Textile Ind. **127** (1963) 8, S. 82, 90 A, 90 B, 90 G.
Geller, A. A., *Geller, B. E.*, u. *Ereščenko, A. G.*, Über die Wechselwirkung von Polyacrylnitrilfasern mit Aminen und Farbstoffen. Chim. Volokna (Chem. Fasern) **5** (1963) 4, S. 15–18.
Odajima, K., Anwendung von Säurefarbstoffen auf acetylierte Cellulosefasern. J. Soc. Dyers Colorists **79** (1963) 8, S. 367–368.
Stewart, J. R., Die Halbwollfärberei bei Strumpf- und Trikotwaren. Textile J. Australia **38** (1963) 5, S. 582–583.

Druckerei

Roolaart, H. W. M., Zweiphasen-Küpendruck. Textile Ind. **127** (1963) 6, S. 102, 103, 107, 109, 111.
Badertscher, W., Direktdruck mit Cibacron-Farbstoffen auf Cellulosefasermaterialien unter Berücksichtigung des Cibacronkatalysators CCI, Melliand Textilber. **44** (1963) 8, S. 829–831.
Korndörfer, H. J., Reaktivfarbstoffe und ihre Fixiermöglichkeiten auf dem Elektrofixierer. Melliand Textilber. **44** (1963) 9, S. 1006–1007.
Swatek, W. T., Maschinen und Verfahren des Vielfarbendrucks. Melliand Textilber. **44** (1963) 9, S. 999–1004.
Nováková, V., Erfahrungen mit dem Bedrucken von Silon. Textil, Praha **18** (1963) 8, S. 300–301.

Ausrüstung. Trocknung

Freytag, R., Neue Entwicklungen auf dem Gebiet der Bromitentschlichtung Textil-Rdsch., St. Gallen **18** (1963) 8, S. 409–416.
Frieser, E. P., Das Walken von Schafwolle. Textil-Rdsch., St. Gallen **18** (1963) 8, S. 417–434, 20 Tab., 21 Diagr., 6 Zeichn. 107 Lit.
McKelvey, J. B., *Benerito, R. R.*, *Berni, R. J.*, u. *Burgis, B. G.*, Der Einfluß von Epichlorhydrin in Gegenwart von Alkalien und verschiedenen Salzen auf die Knittererholung von Baumwolle. J. appl. Polymer Sci. **7** (1963) 4, S. 1371–1389.
McPhee, J. R., Schrumpfechtausrüstung von Wolle mit Kupfer-(II)-ammoniumsulfitlösungen. Textile Res. J. **33** (1963) 7, S. 578–579.
Frieser, E., Die partielle Acetylierung von Baumwolle. Melliand Textilber. **44** (1963) 8, S. 855–859.
Otopkov, G. M., u. *Pavlov, S. A.*, Einsatz von hydrophilen Polymeren für die Herstellung der Oberschicht von Kunstleder auf Albumin-Fasergrundlage. Mitt. 2. Der Einfluß der Auftragungsart des Überzuges auf die Kraft des Anhaftens des Films an der Grundlage. Izv. vysšich uč. Zav. Technol. legkoj Prom. (Hochschulnachr. Technol. Leichtind.) (1963) 4, S. 26–33.
Polinskij, S. L., *Plotnikov, I. V.*, u. *Pavlov, S. A.*, Synthese und Untersuchung von hydrophilen Polyesterurethanen für die Schaffung von Kunstleder mit hohen hygienischen Eigenschaften. Mitt. 2: Der Einfluß der Struktur von hydrophilen Polyesterurethanen auf die mechanischen Eigenschaften. Izv. vysšich uč. Zav. Technol. legkoj Prom. (Hochschulnachr. Technol. Leichtind.) (1963) 4, S. 54–64.
Gurdži, E. S., *Bunareva, Z. S.*, *Finodina, K. V.*, *Charitonova, L. G.*, u. *Levi, P. B.*, Antistatische Ausrüstung von Nitronstapelfaser. Chim. Volokna (Chem. Fasern) **5** (1963) 4, S. 29–31.
Higginbotham, R. S., Kontinuierliche Behandlung von Cellulose- und Synthesefasergeweben. J. Soc. Dyers Colourists **79** (1963) 9, S. 412–417.
Ernst, E., Ausrüstung von Geweben und Gewirken aus Polyester/Schurwolle. Chemiefasern **13** (1963) 9, S. 714–716.
Melville, A., Kompressive Schrumpfung von Gewirken und von gewebten Wollstoffen. Textile Rec. **81** (1963) 966, S. 98–100, 104.
Kompressive Schrumpfung von Schlauch- und bestimmter Kettenwirkware. Textile Manuf. **89** (1963) 1065, S. 369–370.
Steidl, R., Einfluß von Chemikalien ind chemischen Behandlungen auf Rauhware. Melliand Textilber. **44** (1963) 9, S. 1028.
Schiecke, H. E., Wolltextilien mit „easy care"-Eigenschaften, Melliand Textilber. **44** (1963) 9, S. 1018–1027.
Dorset, B. C. M., Wasserabweisende Behandlungen – gegenwärtige und mögliche Entwicklungstendenzen. Textile Manuf. **89** (1963) 1065, S. 399 bis 403.
Braunlich, R. H., Garne mit „eingeschlossenem" bakteriostatischem Schutz. Textile Ind. **127** (1963) 8, S. 74, 90 L.

Koršak, V. V., Kirkina, L. I., Mozgova, K. K., u. *Egorova, Ju. V.*, Veränderung der Beständigkeit gegen Schimmelbefall von Pfropfcopolymeren aus Wolle und Seide. Chim. Volokna (Chem. Fasern) **5** (1963) 4, S. 28 bis 29.

Neues Verfahren zur Umhüllung der Fasern mit Kunststoff. Mod. Textiles Mag. **44** (1963) 8, S. 37.

Wäscherei. Chemische Reinigung

Karwath, W., Warum braucht das Gesundheitswesen eigene Wäschereien? Wäscherei **10** (1963) 9, S. 257–259.

Leonhardt, H., u. *Steude, G.*, Der Aschegehalt und seine Ursachen. Wäscherei **10** (1963) 9, S. 283.

Viertel, O., Bedingungen für ein schonendes Waschen von Wollsachen in Trommelwaschmaschinen. Wäschereitechnik u. -chemie **16** (1963) 9, S. 608–614.

Kurz, J., Physikalische Grundlagen der Wäschetrocknung in Tumblern. Wäschereitechnik u. -chemie **16** (1963) 9, S. 624–631.

Wedekind, Stellungnahme zum Aufsatz „Das Textilreinigungsgewerbe in der Sicht der Textilindustrie". Melliand Textilber. **44** (1963) 9, S. 1027.

Kurz, J., Vorgänge bei der Destillation von Reinigungsflotten. Deutscher Färber-Kalender 1963. Ref.: Chemischreiniger u. Färber/Färber-Ztg. **16** (1963) 9, S. 442, 444, 446, 448.

Kaesler, K., Die Teppichreinigung. Chemischreiniger u. Färber/Färber-Ztg. **16** (1963) 9, S. 450.

Jost, E. J., Moderne Praxis der Detachur. Chemischreiniger u. Färber/Färber-Ztg. **16** (1963) 9, S. 438, 440.

Anfärbungen durch Schulterpolster. Chemischreiniger u. Färber/Färber-Ztg. **16** (1963) 9, S. 453.

VIII. Werkstoffprüfung. Meß- und Prüftechnik. Standardisierung

Eigenschaften und Fehler der Textilmaterialien u. a.

Giles, Ch. H., u. *McKay, R. B.*, Die Lichtechtheit von Farbstoffen. Ein Überblick. Textile Res. J. **33** (1963) 7, S. 527–577.

Hebert, J. J., Weiss, L. C., Orr, R. S., u. *Grant, J. N.*, Beziehung der Dicke und Zusammendrückbarkeit von Baumwollgeweben zu den „wash-and-wear"-Eigenschaften. Textile Res. J. **33** (1963) 7, S. 510–515.

Loeb, L., Wasserrückhaltevermögen von Baumwollgeweben während des Zentrifugierens. Textile Res. J. **33** (1963) 7, S. 521–526.

Miro, P., Chemische Eigenschaften der spanischen Hautwollen. Invest. Inform. textil. Barcelona **6** (1963) 2, S. 127–134.

Vass, G., u. *Téri, R.*, Über die Wirkung der synthetischen Fasermischungen auf die Qualität der gestrickten Stoffe. II. Magyar Textiltechn. **15** (1963) 8, S. 333–337.

Hladik, V., u. *Hác, V.*, Fixiergrad von synthetischen Fasern. Textil, Praha **18** (1963) 8, S. 298–300.

Chylewska, B., Einfluß der Garnfeinheit und des Drehungskoeffizienten auf das Drehungsmoment und die Drehungssteifheit von Baumwollgarnen. Przegl. włókienn. (Textil-Rdsch.) **17** (1963) 7, S. 227–230.

Ōno, S., u. *Mihira, K.*, Untersuchungen über die Änderung von Glanz und Farbschattierungen in Geweben. Teil 1. Einflüsse von Schmutz und Abnutzung. J. Soc. Textile Cellulose Ind. Japan **19** (1963) 7, S. 575–581.

Kuwana, Z., Nakamura, S., u. *Sugiyama, H.*, Untersuchungen über die mottenbeständige Ausrüstung. Teil I. Beziehung zwischen dem Gehalt an mottenbeständigen Ausrüstungsmitteln und der Dauer der Beständigkeit von Wollgeweben gegen Mottenbefall nach Waschen und chemischer Reinigung. Textile Res. J. **33** (1963) 7, S. 489–500.

Kato, M., u. *Murase, R.*, Hydrolysenbeständigkeit und Chlorschädigung von mit Dimethyloläthylenthioharnstoff ausgerüsteter Baumwolle. J. Soc. Textile Cellulose Ind., Japan **19** (1963) 7, S. 569–574. (jap., engl. Zusammenfass.).

Ejfer, I. Z., u. *Berner, E. I.*, Elektrophysikalische Eigenschaften der Viskosefasern. Chim. Volokna (Chem. Fasern) **5** (1963) 4, S. 45–49.

Clulow, E. E., u. *Taylor, H. M.*, Eine experimentelle und theoretische Untersuchung der biaxialen Spannungs/Dehnungsbeziehungen in einem leinwandbindigen Stoff. J. Textile Inst. **54** (1963) 8, S. T 323–T 347.

Gerasimova, L. S., u. *Pakšver, A. B.*, Innere Spannung und Ermüdungsbeständigkeit von Cellulosefasern. Chim. Volokna (Chem. Fasern) **5** (1963) 4, S. 42–45.

Bobeth, W., u. *Vollrath, L.*, Zum Deformationsverhalten von Faserstoffen bei Quetschbeanspruchung. Faserforsch. u. Textiltechnik **14** (1963) 10, S. 431–439; 11, S. 489–494.

Wiedemann, G., Über Eigenschaften thermisch-chemisch nachbehandelter Glasseidengewebe. I. Eigenschaften thermobehandelter Glasseidengewebe. Faserforsch. u. Textiltechnik **14** (1963) 10, S. 410–416.

Ratner, S. B., Farberova, I. I., Radjukevic, O. V., u. *Lur'e, E. G.*, Über die Beziehung zwischen der Abriebfestigkeit und den anderen mechanischen Eigenschaften von Plasten. Plastičeskie Massy, Moskva (Plast. Massen) (1963) 7, S. 38–42.

Meß- und Prüftechnik

Sherwood, P. W., Statische Elektrizität. Mod. Textile Mag. **44** (1963) 8, S. 44, 46, 69.

Havas, M., Theorie und Prüfmethoden des Fadengleitens in Geweben. Magyar Textiltechn. **15** (1963) 8, S. 358–360.

Pavlov, A. I., Über die Beurteilung der Feinheit von Textilmaterialien nach dem internationalen Tex-System. Ivv. vysšich uč. Zav. Technol. legkoj Prom. (Hochschulnachr. Technol. Leichtind.) (1963) 4, S. 175 bis 177.

Harris, P. H., Die Verwendung unverstreckter Nylon-Fäden als Kapillar-Kerne. J. sci. Instruments **40** (1963) 8, S. 427.

Kontrolle der Lichtechtheit und Wetterbeständigkeit im Laboratorium. Fibre e Colori, Milano **13** (1963) 7, S. 241–242.

Ramaszéder, K., Bestimmung des Schmelzpunktes synthetischer Fasern. Magyar Textiltechn. **15** (1963) 8, S. 355.

Fritze, U., u. *Güssow, K.*, Ein Gerät zur vollautomatischen Titration im Produktionsbetrieb. Chemie-Ing.-Technik **35** (1963) 8, S. 577–580.

Vidiella, J. E., Beziehungen zwischen den Werten des Pressley-Index und den mit dem Stelometer erhaltenen Ergebnissen. Invest. Inform. textil, Barcelona **6** (1963) 2, S. 153–154.

Kobayashi, Y., Untersuchung der automatischen Seidenhaspelmaschine. Teil III. Kontrollvorrichtung für den fixierten Rohseiden-Denier. Teil IV. Vergleichbare Fixierungsbedingungen für die Kontrollvorrichtung in der fixierten Denier-Kontrollmethode. J. Soc. Textile Cellulose Ind., Japan **19** (1963) 7, S. 552–562 (jap., engl. Zusammenfass.).

Kimura, H., Yoneyama, M., u. *Yasuzuka, K.*, Untersuchungen über Stretch-Garn. 1. Modellversuch über die Zahl der Ausgangsdrehungen und die Zahl der Doppeldrehungen im Zeitpunkt Null. 2. Querschnittsverengungsverhalten von mit Hilfe einer italienischen Zwirnvorrichtung hergestellten Stretch-Garnen. J. Soc. Textile Cellulose Ind., Japan **19** (1963) 7, S. 508–521 (jap., engl. Zusammenfass.).

Dogadkin, B. A., Gul', V. E., u. *Luščejkin, G. A.*, Untersuchung der bei wiederholter Deformation von Vulkanisaten entstehenden elektrischen Ladungen und deren Einfluß auf die Ermüdungsfestigkeit. Kolloid. Z. Moskva **25** (1963) 4, S. 412–417.

Włodarski, G., Mikrospektroskopisches Faserprüfverfahren in Infrarotstrahlen. Przegl. włokienn. (Textil-Rdsch.) **17** (1963) 7, S. 223–226.

Koval'skij, A. G., Scheuerprüfung von Obertrikotagen. Mitt. 1. Auswahl eines Scheuergerätes. Izv. vysšich uč. Zav. Technol. legkoj Prom. (Hochschulnachr. Technol. Leichtind.) (1963) 4, S. 65–71.

Kennedy, A. J., u. *Clifton, T. E.*, Ein wandelbares, kombiniertes Kriech- und Ermüdungs-Prüfgerät mit Programm-Steuerung. J. sci. Instruments **40** (1963) 7, S. 360–363.

Park, G. S., Autoradiographie von Textilien, die mit Tritium-haltigem Kunstharz ausgerüstet sind. Textile Inst. Ind. **1** (1963) 8, S. 8–10.

Orlov, I. V., u. *Dovgošeja, S. T.*, Formen und Arten des Zusammenhanges der Feuchtigkeit mit Textilfasern. Mitt. 1. Izv. vysšich uč. Zav. Technol. legkoj Prom. (Hochschulnachr. Technol. Leichtind.) (1963) 4, S. 145–152.

Götte, E., u. *Viertel, O.*, Versuche zur Normung von Prüfmethoden für Textilhilfsmittel. 24. Mitt. Herstellung und Prüfung einer reproduzierbaren Modellanschmutzung auf Baumwollgewebe. Melliand Textilber. **44** (1963) 8, S. 862–864.

Neugebauer, F., Versuche zur Normung von Prüfmethoden für Textilhilfsmittel. 25. Mitt. Stand der Normung auf dem Textilhilfsmittelgebiet. Melliand Textilber. **44** (1963) 8, S. 852–854.

Paffrath, H. W., Mechanisch-technologische Prüfverfahren. ATM Arch. techn. Messen ind. Meßtechnik (1963) 329, S. 137–140.

Schön, W., Farbechtheitsprüfungen. Dt. Textiltechnik **13** (1963) 9, S. 448 bis 494. Forts. v.: 8, S. 433–438.

Apperley, T. W. J., Farbechtheit und Prüfung von Textilausrüstungen. Textile Rec. **81** (1963) 966, S. 101–103.

Kellner, A. J., u. *Morgan, W. F.*, Unechte Anfärbungen. Textile Ind. **127** (1963) 8, S. 69–72.

Borsten, H., Quantitative Bestimmung des Übereinstimmungsgrades auf gefärbten konischen Garnkörpern. Ind. textile, Paris (1963) 915, S. 609 bis 611.

Hummel, E., Die Stapelbestimmung an Kammzügen mit der WIRA-Faserdiagramm-Maschine. Textil-Praxis **18** (1963) 9, S. 836–846.

Verfahren zur Bestimmung des Dichlormethanextrakts in Wollkammzug. Ind. textile, Paris (1963) 915, S. 607–608.

Filinkovskaja, E. F., Buklova, M. G., u. *Lioznova, V. P.*, Analyse von Avivagepräparaten im Arbeitsbad. Chim. Volokna (Chem. Fasern) **5** (1963) 4, S. 39–42.

Machay, B. H., Downes, J. G., u. *Watt, I. C.*, Nochmalige Erwägung der Schwankungen im Trockengewicht der Wolle in Luft bei 105 °C. J. Textile Inst. **54** (1963) 8, S. T 350–T 351.

Gerasimov, V. D., Kuznecov, G. A., u. *Fomenko, L. N.*, Gerät für die thermomechanische Untersuchung von Polymeren. Zavodsk. Labor., Moskva (Betriebslabor **29** (1963) 8, S. 996–997.

Lužkov, Ju. M., Volček, I. S., Kričmar, G. Ja., Ramzajcev, V. D., Višnjak, Ju. I., u. *Parlaškevic, N. J.*, Automatisches Gerät für die Bestimmung der thermischen Beständigkeit von Polymeren. Plastičeskie Massy, Moskva (Plast. Massen) (1963) 8, S. 60–61.

Müller, F. H., Kaltverstreckung von Kunststoffen. Materialprüfung **5** (1963) 9, S. 336–344.

Bobeth, W., Schöne, A., u. *Piechottka, G.*, Zur mikroskopischen und makroskopischen Qualitätsbeurteilung von Polyesterfaserstoffen. Faserforsch. u. Textiltechnik **14** (1963) 10, S. 417–425.

Pujol, C., Die Möglichkeit der Festlegung eines Gleichmäßigkeitsindexes für Wickel, ähnlich dem für Garne, durch Varimeterteste. J. Textile Inst. **54** (1963) 8, S. T 348–T 350.

Niehuis, W. A., Die theoretische Mindest-CB(G)-Kurve. J. Textile Inst. **54** (1963) 8, S. T 309–T 322.

Wächter, R., u. *Beyreuther, R.*, Die Anwendung der Niederdruckpneumatik zur Messung von Feinheitsschwankungen an Vorgarnen. Dt. Textiltechnik **13** (1963) 9, S. 455–462.

Jahn, H.-E., Hydraulische Spannköpfe für Zugfestigkeits-Prüfmaschinen. Kautschuk u. Gummi **16** (1963) 8, S. 459–460.

Racké, H. H., Biegekriechversuche an Kunststoffen mit einem einfachen Prüfgerät. Materialprüfung **5** (1963) 9, S. 345–349.

Messik, K., Über die Verminderung des Reißfestigkeitsverlustes bei kunstharzausgerüsteten nativen Cellulosegeweben. Textil-Praxis **18** (1963) 9, S. 857–861.

Barthel, R., Schauer, G., u. *Hofmann, H.*, Schwingungsuntersuchungen an Textilspindeln. Faserforsch. u. Textiltechnik **14** (1963) 10, S. 397–403.

Pande, A., Messung und Kontrolle von Feuchtigkeit in Textilien. Teil IV. Textile Rec. **81** (1963) 966, S. 103–104.

Dagaev, P. P., Untersuchungsmethode der durch Licht und Ozon hervorgerufenen Alterung von Plasten. Plastičeskie Massy. Moskva (Plast. Massen) (1963) 7, S. 65–67.

IX. Betriebstechnik. Ökonomie. Tagungsberichte u. dgl. Sonderfragen

Betriebstechnik

Hasler, E., Die Anwendung der Meß-, Regelungs- und Steuerungstechnik in sowjetischen Textilbetrieben. Dt. Textiltechnik **13** (1963) 9, S. 451 bis 454.

Hoffmann, W., Meß- und Regeltechnik in der Textil-Naßveredlung. Melliand Textilber. **44** (1963) 9, S. 1008–1013.

31712

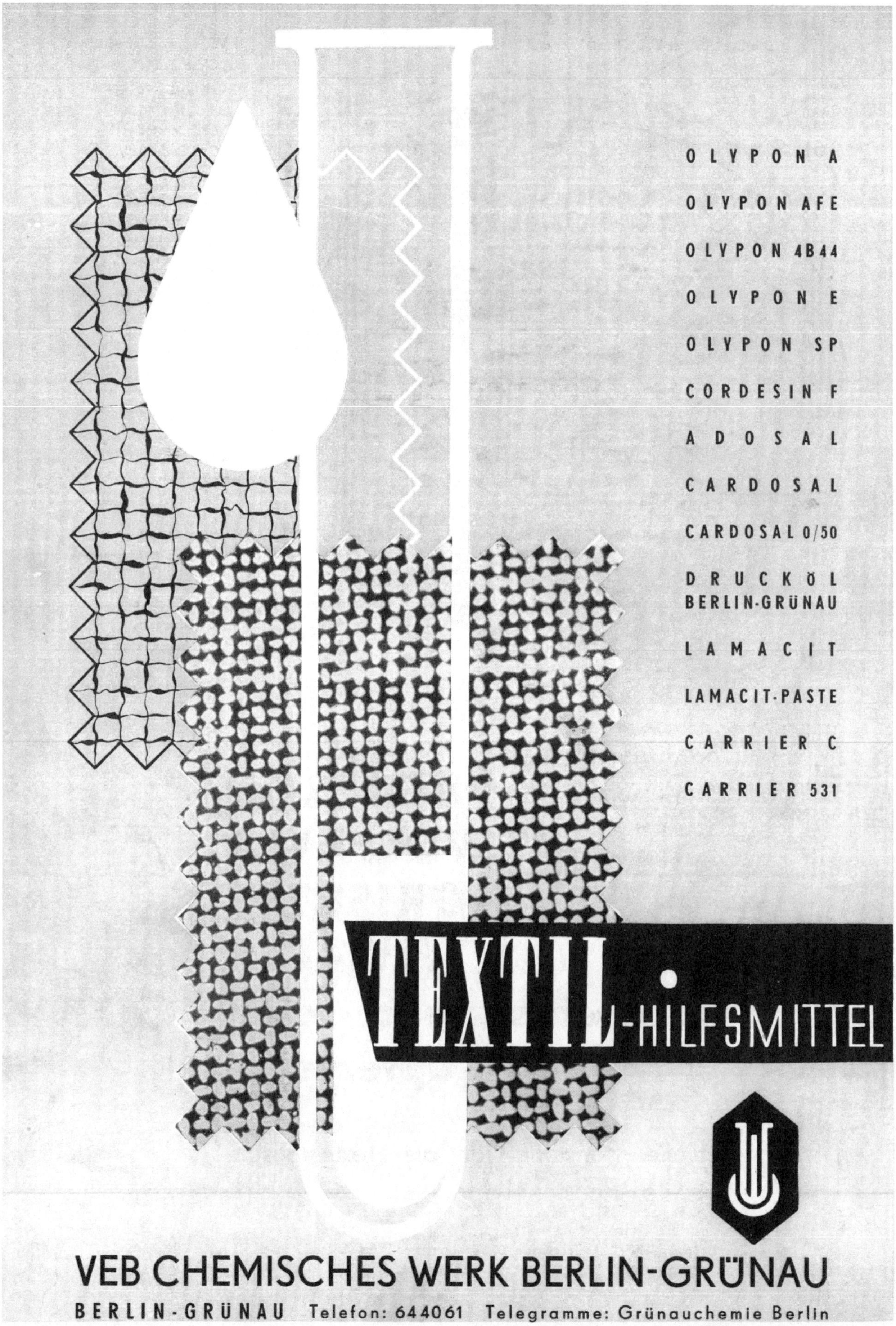
OLYPON A
OLYPON AFE
OLYPON 4B44
OLYPON E
OLYPON SP
CORDESIN F
ADOSAL
CARDOSAL
CARDOSAL 0/50
DRUCKÖL BERLIN-GRÜNAU
LAMACIT
LAMACIT-PASTE
CARRIER C
CARRIER 531
TEXTIL-HILFSMITTEL
VEB CHEMISCHES WERK BERLIN-GRÜNAU
BERLIN-GRÜNAU Telefon: 644061 Telegramme: Grünauchemie Berlin